RÉPUBLIQUE FRANÇAISE

MINISTÈRE DE L'AGRICULTURE

CONCOURS AGRICOLE RÉGIONAL D'AGEN

DU SAMEDI 29 AOÛT AU DIMANCHE 6 SEPTEMBRE 1896

CATALOGUE

DES

ANIMAUX, INSTRUMENTS ET PRODUITS AGRICOLES

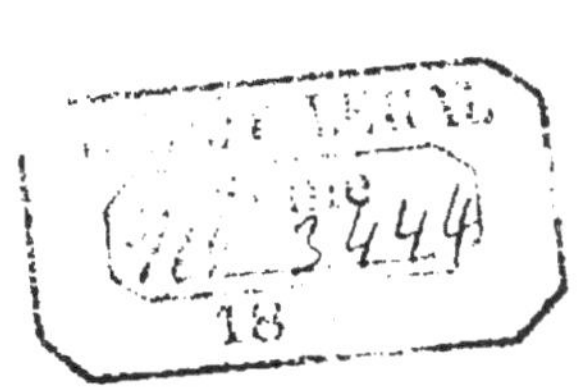

PARIS

IMPRIMERIE NATIONALE

1896

CONCOURS AGRICOLE RÉGIONAL
D'AGEN.

1RE DIVISION.
ANIMAUX REPRODUCTEURS.

1RE CLASSE.
ESPÈCE BOVINE.

1re CATÉGORIE.

Race garonnaise.

Mâles.

1re SECTION. — **Animaux de 1 à 2 ans.**

(Nés depuis le 1er mai 1894 et avant le 1er mai 1895.)

(1er prix, **400f**; 2e, **300f**; 3e, **250f**; 4e, **200f**; 5e, **150f**; 6e, **100f**.)

1. — 12 m. — Froment............. M. Bernède, à Meilhan (Lot-et-Garonne).
2. — 12 m. — Froment............. M. de Muret, à Meilhan (Lot-et-Garonne).
3. — 12 m. 3 j. — Froment clair....... M. Camps, à Couthures (Lot-et-Garonne).
4. — 12 m. 4 j. — Froment foncé...... M. Cassaigneau, à Bon-Encontre (Lot-et-Garonne).
5. — 12 m. 7 j. — Froment.......... M. Escalot (Jean), à Agen (Lot-et-Garonne).
6. — 12 m. 8 j. — Rouge............. M. Olivier (Pierre), à Jusix (Lot-et-Garonne).
7. — 12 m. 8 j. — Froment.......... M. Verdier (Jean), à Casseneuil (Lot-et-Garonne).
8. — 12 m. 15 j. — Froment......... M. de Puymaurin, à Meilhan (Lot-et-Garonne).

9. — 12 m. 20 j. — Froment........ M. Tujas (Jean), à Saint-Sève (Gironde).

10. — 13 m. — Froment rouge........ M. Gaudenèche, au Puy (Gironde).

11. — 13 m. — Froment............ M. Olivier (Pierre), précité.

12. — 13 m. 6 j. — Froment.......... M. Carthalié, à Albias (Tarn-et-Garonne).

13. — 13 m. 8 j. — Froment......... M. Castang (Théodore), à Agen (Lot-et-Garonne).

14. — 14 m. 4 j. — Froment......... Le même.

15. — 13 m. 15 j. — Froment clair.... M. Méneguerre, à Meilhan (Lot-et-Garonne).

16. — 14 m. 5 j. — Froment......... M. Moureau (Bernard), à Sérignac (Lot-et-Garonne).

17. — 16 m. — Froment............ M. Beauvallon (François), à Beaupuy (Lot-et Garonne).

18. — 17 m. 3 j. — Froment........ M. Rochet (Simon), à la Réole (Gironde).

19. — 18 m. — Froment............ M. Charlot (Raoul), à Caudrot (Gironde).

20. — 18 m. — Froment............ M. Uteau, à Sainte-Bazeille (Lot-et-Garonne).

21. — 19 m. — Rouge pommelé...... M. Delsol, à Lafrançaise (Tarn-et-Garonne).

22. — 19 m. 8 j. — Froment clair.... M. Bazas (Henri), à Beaupuy (Lot-et-Garonne).

23. — 19 m. 8 j. — Froment........ M. Tujas (Pierre), à Saint-Sève (Gironde).

24. — 20 m. — Froment............ M. Clément (Léopold), à Caumont (Lot-et-Garonne).

25. — 20 m. — Froment............ M. Laurent (Pierre), à Castelmoron (Lot-et-Garonne).

26. — 20 m. 3 j. — Froment........ M. Médeville, à Cadillac-sur-Garonne (Gironde).

27. — 21 m. 7 j. — Froment......... M. Lanusse (Jean), à Illats (Gironde).

28. — 22 m. — Froment............ M. Bastard, à Sauveterre (Lot-et-Garonne.)

29. — 22 m. — Froment............ M. Fruteau (Joseph), à Nomdieu (Lot-et-Garonne),

30. — 22 m. — Rouge.............. M. Régimon (Pierre), à Saint-André-du-Garn (Gironde).

2e SECTION. — **Animaux de 2 à 4 ans.**

(Nés depuis le 1er mai 1892 et avant le 1er mai 1894.)

(1er prix, **350f**; 2e, **300f**; 3e, **200f**; 4e, **100f**.)

31. — .... — Froment clair.... M. Rozier, à Lannes (Lot-et-Garoune).

32. — 24 m. 1 j. — Froment........ M. Michaelsen, à Mesterrieux (Gironde).

33. — 24 m. 1 j. — Froment foncé.... M. Riffaud (Pierre), à Marmande (Lot-et-Garonne).

34. — 24 m. 1 j. — Froment........ M. Tujas (Pierre), précité.
35. — 24 m. 12 j. — Paille.......... M. Escalot (Jean), précite.
36. — 24 m. 15 j. — Froment rouge.. M. Gaudemèche, précité.
37. — 24 m. 28 j. — Froment....... M. Bernède, précité.
38. — 25 m. — Froment clair........ M. Bissières (Jean), à Roquefort (Lot-et-Garonne).
39. — 25 m. — Froment............ M. Farges (Henri), à Tonneins (Lot-et-Garonne).
40. — 25 m. 7 j. — Froment........ M. Médeville, précité.
41, — 28 m. — Paille pommelé...... M. Bensch, à Agen (Lot-et-Caronne).
42. — 30 m. — Froment............ M. Carthalié, précité.
43. — 30 m. 10 j. — Froment clair.... M. Beauvallon (François), précité.

Femelles.

1re SECTION. — **Génisses de 1 à 2 ans.**

(Nées depuis le 1er mai 1894 et avant le 1er mai 1895.)

1re Sous-Section. — *Animaux présentés par des agriculteurs exploitant 30 hectares et au-dessus.*

(1er prix, **200f**; 2e, **150f**; 3e, **125f**; 4e, **100f**.)

44. — 14 m. — Froment............ M. Bastard, précité.
45. — 14 m. 15 j. — Froment roux..... M. Camps, précité.
46. — 16 m. 5 j. — Froment clair...... M. Beauvallon (François), précité.
47. — 19 m. — Froment .... M. Carthalié, précité.
48. — 20 m. — Froment .... M. Charlot (Raoul), précité.
49. — 22 m. — Froment .... M. Olivier (Pierre), précité.

2e Sous-Section. — *Animaux présentés par des petits cultivateurs propriétaires, métayers ou fermiers, exploitant moins de 30 hectares.*

(1er prix, **200f**; 2e, **150f**; 3e, **125f**; 4e, **100f**.)

50. — 12 m. 1 j. — Froment .... M. Riffaud (Pitrre), précité.
51. — 12 m. 2 j. — Froment .... M. Bernède, précité.
52. — 12 m. 3 j. — Froment .... M. Binot (Arnaud), à Duras (Lot-et Garonne.)
53. — 12 m. 15 j. — Froment......... M. Verdier (Jean), précité.
54. — 12 m. 27 j. — Rouge clair...... M. Baudon, à Nomdieu (Lot-et-Garonne).
55. — 14 m. — Froment.............. M. Tujas (Pierre), précité.

56. — 17 m. 3 j. — Froment clair..... M. Lanoratte (Joseph), à Sérignac (Lot-et-Garonne).
57. — 19 m. 9 j. — Froment......... M. Médeville, précité.
58. — 23 m. — Froment........... M. Régimon (Pierre), précité.
59. — 23 m. 2 j. — Froment......... M. Tujas (Jean), précité.

2ᵉ SECTION. — **Génisses de 2 à 3 ans, pleines ou à lait.**

(Nées depuis le 1ᵉʳ mai 1893 et avant le 1ᵉʳ mai 1894.)

1ʳᵉ Sous-Section. — *Animaux présentés par des agriculteurs exploitant 30 hectares et au-dessus.*

(1ᵉʳ prix, **250ᶠ**; 2ᵉ, **200ᶠ**; 3ᵉ, **150ᶠ**; 4ᵉ, **125ᶠ**; 5ᵉ, **100ᶠ**.)

60. — 24 m. 8 j. — Froment.......... M. Olivier (Pierre), précité.
61. — 28 m. — Froment clair......... M. Beauvallon (François), précité.
62. — 30 m. — Paille foncé.......... M. Bensch, précité.
3. — 33 m. 15 j. — Froment......... M. de Muret, précité.
64. — 36 m. — Paille.............. M. Escalot (Jean), précité.
65. — 36 m. — Paille.............. Le même.

2ᵉ Sous-Section. — *Animaux présentés par des petits cultivateurs propriétaires, métayers ou fermiers, exploitant moins de 30 hectares.*

(1ᵉʳ prix, **250ᶠ**; 2ᵉ, **200ᶠ**; 3ᵉ, **150ᶠ**; 4ᵉ, **125ᶠ**; 5ᵉ, **100ᶠ**.)

66. — 24 m. 5 j. — Froment........ M. Bernède, précité.
67. — 24 m. 9 j. — Froment clair.... M. Riffaud (Pierre), précité.
68. — 27 m. — Froment........... M. Tujas (Pierre), précité.
69. — 30. m. 10 j. — Froment...... M. Tujas (Jean), précité.
70. — 33 m. 5 j. — Froment........ M. Médeville, précité.
71. — 36 m. — Froment clair....... M. Méneguerre, précité.

3ᵉ SECTION. — **Vaches de plus de 3 ans, pleines ou à lait.**

(Nées avant le 1ᵉʳ mai 1893.)

1ʳᵉ Sous-Section. — *Animaux présentés par des agriculteurs exploitant 30 hectares et au-dessus.*

(1ᵉʳ prix, **350ᶠ**; 2ᵉ, **300ᶠ**; 3ᵉ, **250ᶠ**; 4ᵉ, **200ᶠ**; 5ᵉ, **100ᶠ**.)

72. — 3 ans 15 j. — Froment....... M. de Muret, précité.
73. — 4 ans. — Froment........... M. Bastard, précité.
74. — 4 ans. — Froment........... Le même.

75. — 4 ans. — Froment foncé...... M. Fabe (Martin), à Pont-du-Casse (Lot-et-Garonne).
76. — 4 ans 6 m. — Rouge paille.... Le même.
77. — 5 ans. — Paille.............. Le même.
78. — 4 ans 3 m. — Froment....... M. Olivier (Pierre), précité.
79. — 5 ans 2 m. 3 j. — Froment clair. M. Beauvallon (François), précité.
80. — 5 ans 2 m. 5 j. — Froment clair. Le même.
81. — 6 ans 6 m. — Paille clair..... M. Bensch, précité.
82. — 8 ans. — Froment clair....... M. Rozier, précité.

2e Sous-Section. — *Animaux présentés par des petits cultivateurs propriétaires, métayers ou fermiers, exploitant moins de 30 hectares.*

(1er prix, **350f**; 2e, **300f**; 3e, **250f**; 4e, **200f**; 5e, **100f**.)

83. — 3 ans 1 m. — Froment....... M. Tujas (Pierre), précité.
84. — 3 ans 2 m. — Froment....... M. Médeville, précité.
85. — 4 ans 6 m. 9 j. — Froment.... Le même.
86. — 3 ans 7 m. 20 j. — Froment... M. Moullié, à Sérignac (Lot-et-Garonne).
87. — 3 ans 9 m. — Froment....... M. Tujas (Jean), précité.
88. — 4 ans. — Froment........... M. Dupuy-Guibaud, à Gaujac (Lot-et-Garonne).
89. — 4 ans. — Froment........... M. Routgé, à Foulayronne (Lot-et-Garonne).
90. — 4 ans 15 jours. — Paille...... M. Cavalerie (Antoine), à Sérignac-de-Laplume (Lot-et-Garonne).
91. — 4 ans 1 m. — Paille pommelé.. Le même.
92. — 4 ans 1 m. — Froment....... M. Lantsse (Jean), précité.
93. — 4 ans 2 m. 14 j. — Froment clair. M. Riffaud (Pierre), précité.
94. — 5 ans. — Froment clair....... M. Bissières (Jean), précité.
95. — 5 ans. — Froment foncé....... M. Cassaigneau, précité.
96. — 5 ans 6 m. — Froment....... M. Bernède, précité.
97. — 5 ans 7 m. — Froment....... Le même.
98. — 7 ans 1 m. — Froment....... Le même.
99. — 6 ans. — Froment clair....... M. Castaing (Antoine), à Aubiac (Lot-et-Garonne).
100. — 6 ans 2 m. 15 j. — Froment.. M. Binot (Arnaud), précité.
101. — 8 ans. — Froment.......... M. Garric (Charles), à Moissac (Tarn-et-Garonne).
102. — ..... Froment clair........ M. Vidal, à Caudecoste (Lot et-Garonne).

2e CATÉGORIE.

Races des Pyrénées, à muqueuses roses, plus spécialement destinées au travail et à la boucherie (Béarnaise, Basquaise, Urt, etc.).

Mâles.

1re SECTION. — **Animaux de 1 à 2 ans.**

(Nés depuis le 1er mai 1894 et avant le 1er mai 1895.)

(1er prix, **350**f; 2e, **300**f; 3e, **250**f; 4e, **200**f.)

103. — 12 m. — Béarnais, froment clair. M. Lahitte-Vigneau, à Andoins (Basses-Pyrénées).

104. — 12m. — Béarnais, froment pâle. M. Lassus-Lacaze, à Bordes (Basses-Pyrénées).

105. — 13 m. — Béarnais, froment foncé. Le même.

106. — 12 m. — Béarnais, rouge...... M. Longas (Jean), à Pardies (Bassses-Pyrénées).

107. — 12 m. 5 j. — Béarnais, froment. M. Lascassies, à Idron (Basses-Pyrénées).

108. — 12 m. 6 j. — Béarnais, froment clair. M. Laborde-Vergez, à Idron (Basses-Pyrénées).

109. — 12 m. 8 j. — Béarnais, rouge.. M. Davancens, à Pardies-Nay (Basses-Pyrénées).

110. — 14 m. — Béarnais, froment clair. M. Cazenave, à Sendets (Basses-Pyrénées).

111. — 15 m. — ..... Froment...... M. Carthalié, précité.

112. — 15 m. 3 j. — Béarnais, froment. M. Lhoste-Séré, à Saint-Faust (Basses-Pyrénées).

113. — 21 m. 15 j. — Béarnais, froment. Le même.

114. — 16 m. 5 j. — Béarnais, froment. M. Hau, à Ouillon (Basses-Pyrénées).

115. — 17 m. 5 j. — Béarnais, froment rouge. M. Penin (Pierre), à Idron (Basses-Pyrénées.

116. — 21 m. — Béarnais, froment.... M. Cazaban (Bernard), à Mirepeix (Basses-Pyrénées).

117. — 21 m — Béarnais, froment..... M. Trépeu, à Soumoulou (Basses-Pyrénées).

118. — 22 m. 7 j. — Urt, blanc....... M. de Lestapis, à Artix (Basses-Pyrénées).

2e SECTION. — **Animaux de 2 à 4 ans.**

(Nés depuis le 1er mai 1892 et avant le 1er mai 1895.)

(1er prix, **300**f; 2e, **250**f; 3e, **200**f.)

119. — 24 m. 1 j. — Béarnais, froment clair. M. Lahitte-Vigneau, précité.

120. — 24 m. 14 j. — Béarnais, froment. M. Penin (Pierre), précité.

121. — 25 m. 3 j. — Béarnais, froment foncé. M. LABORDE-VERGEZ, précité.

122. — 26 m. — Béarnais, froment clair. M. LONGAS (Jean), précité.

123. — 27 m. 15 j. — ..... Froment.. M. LACASSAGNE (Jean), à Narcastet (Basses-Pyrénées).

Femelles.

1re SECTION. — Génisses de 1 à 2 ans.

(Nées depuis le 1er mai 1894 et avant le 1er mai 1895.)

1re SOUS-SECTION. — *Animaux présentés par des agriculteurs exploitant 30 hectares et au-dessus.*

(1er prix, **200f**; 2e, **150f**; 3e, **100f**.)

124. — 12 m. — Béarnaise, froment clair. M. CAZENAVE, précité.

125. — 12 m. — Béarnaise, froment clair. M. LASCASSIES, précité.

126. — 12 m. 3 j. — Béarnaise, froment. M. DE LESTAPIS, précité.

127. — 15 m. — Béarnaise, froment... M. TRÉPEU, précité.

128. — 16 m. — Béarnaise, froment... M. BOUÉZOU (Rémi), à Saint-Laurent-Bretagne (Basses-Pyrénées).

129. — 17 m. 28 j. — Urt, froment clair. M. LHOSTE-SÉRÉ, précité.

130. — 22 m. — Béarnaise, froment foncé. M. LABORDE-VERGEZ, précité.

2e SOUS-SECTION. — *Animaux présentés par des petits cultivateurs propriétaires, métayers ou fermiers, exploitant moins de 30 hectares.*

(1er prix, **200f**; 2e, **150f**; 3e, **100f**.)

131. — 12 m. — Béarnaise, froment.. M. CAZABAN (Bernard), précité.

132. — 12 m. — Béarnaise, blanche.. M. DAVANCENS, précité.

133. — 13 m. 3 j. — Béarnaise, froment M. HAU, précité.

134. — 11 m. 11 j. — ..... Froment clair. M. FOURRÉ, à Coarraze (Basses-Pyrénées).

2e SECTION. — Génisses de 2 à 3 ans, pleines ou à lait.

(Nées depuis le 1er mai 1893 et avant le 1er mai 1894.)

1re SOUS-SECTION. — *Animaux présentés par des agriculteurs exploitant 30 hectares et au-dessus.*

(1er prix, **250f**; 2e, **200**; 3e, **150f**.)

135. — 24 m. 5 j. — Béarnaise, froment clair. M. LASCASSIES, précité.

136. — 25 m. — Béarnaise, froment clair. M. Bouézou (Rémi), précité.

137. — 25 m. 3 j. — Béarnaise, froment foncé. M. Laborde-Vergez, précité.

138. — 32 m. — Béarnaise, froment... M. Cazenave, précité.

2e Sous-Section. — *Animaux présentés par des petits cultivateurs propriétaires, métayers ou fermiers, exploitant moins de 30 hectares.*

(1er prix, **250f**; 2e, **200f**; 3e, **150f**.)

139. — 25 m. 3 j. — Béarnaise, froment. M. Hau, précité.

140. — 26 m. — Béarnaise, froment foncé. M. Fourré, précité.

141. — 30 m. — Béarnaise, froment... M. Cazaban (Bernard), précité.

142. — 30 m. — Béarnaise, froment... M. Lahitte-Vigneau, précité.

3e SECTION. — **Vaches de plus de 3 ans, pleines ou à lait.**

(Nées avant le 1er mai 1893.)

1re Sous-Section. — *Animaux présentés par des agriculteurs exploitant 30 hectares et au-dessus.*

(1er prix, **300f**; 2e, **250f**; 3e, **200f**; 4e, **150f**; 5e, **100f**.)

143. — 3 ans, 20 j. — Béarnaise, froment clair. M. Lascassies, précité.

144. — 3 ans 8 m. 20 j. — Béarnaise, froment. Le même.

145. — 3 ans, 6 m. — Béarnaise, froment. M. Bouézou (Remi), précité.

146. — 6 ans. — Béarnaise, froment.. Le même.

147. — 3 ans, 8 m. — Bearnaise, froment. M. de Lestapis, précité.

148. — 5 ans. — Béarnaise, froment.. M. Cazenave, précité.

149. — 5 ans. — Urt, froment clair... Le même.

150. — 6 ans. — Béarnaise, rose...... M. Raballet (Jean), à Suris (Charente).

2e Sous-Commission. — *Animaux présentés par des petits cultivateurs propriétaires, métayers ou fermiers, exploitant moins de 30 hectares.*

(1er prix, **300f**; 2e, **250f**; 3e, **200f**; 4e, **150f**; 5e, **100f**.)

151. — 3 ans, 6 m. — Béarnaise, froment. M. Cazaban (Bernard), précité.

152. — 4 ans. — Béarnaise, froment... M. Hau, précité.

153. — 5 ans — Béarnaise, froment... Le même.

154 — 5 ans, 1 m. 15 j. — Béarnaise, froment. M. FOURRÉ, précité.

155. — 8 ans. — Béarnaise, froment... M. DAVANCENS, précité.

3e CATÉGORIE.

Race Limousine.

Mâles.

SECTION UNIQUE. — **Animaux de 1 à 2 ans**

(Nés depuis le 1er mai 1894 et avant le 1er mai 1895.)

(1er prix, **350f**; 2e, **250f**; 3e, **150f**; 4e, **100f**.)

156. — 12 m. — Froment .... M. DE LIS-LEFERME, à Masquières (Lot-et-Garonne).

157. — 12 m. 1 j. — Rouge.......... M. GOUMARD-SICAIRE, à Mazières (Charente).

158. — 14 m. — Rouge foncé......... M. FABE (Martin), précité.

159. — 14 m. — Rouge.............. M. ROZIER, précité.

160. — 15 m. 6 j. — Rouge clair. .... M. COMBELLES (Jean), à Castelnau (Lot).

161. — 16 m. — **LEBILLAT** (n° 1465 6e vol.), froment. M. CHARLOT (Raoul), précité.

162. — 18 m. — Rouge............. M. ROUTGÉ, précité.

163. — 18 m. 22 j. — Froment....... M. LIMOUSIN, à Neuvic (Haute-Vienne).

164. — 22 m. 14 j. — Froment .... M. BUYTET, à Marmande (Lot-et-Garonne).

165. — 23 m. — Rouge............. M. RASTIER (Pierre), à Saint-André-du-Garn (Gironde).

166. — 23 m. 16 j. — Froment .... M. MONGET, à Couthures (Lot-et-Garonne).

167. — 24 m. — Rouge............. M. DE LAVILLE-MONBAZON, à Saint-Vit (Lot-et-Garonne).

Femelles.

1re SECTION. — **Génisses de 1 à 2 ans.**

(Nées depuis le 1er mai 1894 et avant le 1er mai 1895.)

1re SOUS-SECTION. — *Animaux présentés par des agriculteurs exploitant 30 hectares et au-dessus.*

(1er prix, **200f**; 2e, **100f**.)

168. — 12 m. 1 j. — Froment .... M. LIMOUSIN, précité.

169. — 12 m. 8 j. — Froment .... M. THOMAS (Antoine), à Limoges (Haute-Vienne).

170. — 13 m. 5 j. — **GAILLARDE** (n° 559, 5e vol.), froment....... M. DE CATHEU, à Limoges (Haute-Vienne).

2e SOUS-SECTION. — *Animaux présentés par des petits cultivateurs propriétaires, métayers ou fermiers, exploitant moins de 30 hectares.*

(1er prix, **200f**; 2e, **100f**.)

171. — 13 m. 5 j. — Froment........ M. RUAUD, à Limoges (Haute-Vienne).
172. — 14 m. 2 j. — Froment....... M. GUANDOIS (Pierre), à Aixe (Haute-Vienne).

2e SECTION. — **Génisses de 2 à 3 ans, pleines ou à lait.**

(Nées depuis le 1er mai 1893 et avant le 1er mai 1894.)

1re SOUS-SECTION. — *Animaux présentés par des agriculteurs exploitant 30 hectares et au-dessus.*

(1er prix, **250f**; 2e, **150f**.)

173. — 26 m. — Froment........... M. DE CATHEU, précité.
174. — 29 m. 22 j. — Froment........ M. LIMOUSIN précité.
175. — 34 m. 5 j. — Froment........ Le même.

2e SOUS-SECTION. — *Animaux présentés par des petits cultivateurs propriétaires, métayers ou fermiers, exploitant moins de 30 hectares.*

(1er prix, **250f**; 2e, **150f**.)

176. — 24 m. 5 j. — Froment........ M. MAPATAUD, à Limoges (Haute-Vienne).
177. — 25 m. 1 j. — Froment........ M. MONGET, précité.
178. — 28 m. 8 j. — Froment......... M. GUANDOIS (Pierre), précité.

3e SECTION. — **Vaches de plus de 3 ans, pleines ou à lait.**

(Nées avant le 1er mai 1893.)

1re SOUS-SECTION. — *Animaux présentés par des agriculteurs exploitant 30 hectares et au-dessus.*

(1er prix, **300f**; 2e, **250f**; 3e, **150f**.)

179. — 3 ans 3 m. — Froment........ M. LIMOUSIN, précité.
180. — 4 ans 3 m. 3 j. — **Reine** (n° 679, 4e vol.), froment. M. DE CATHEU, précité.

2e Sous-Section. — *Animaux présentés par des petits cultivateurs propriétaires, métayers ou fermiers, exploitant moins de 30 hectares.*

(1er prix, **300^f^**; 2e, **250^f^**; 3e, **150^f^**.)

181. — 4 ans 5 m. 2 j. — Froment.....	M. Ruaud, précité.
182. — 5 ans 25 j. — Froment.......	M. Delhoume (Paulin), à Condat (Haute-Vienne).
183. — 5 ans 3 m. — Froment........	M. Mapataud, précité.

4e CATÉGORIE.

Croisements des races de la 1re et de la 2e catégorie avec la race Limousine.

Femelles.

1re SECTION. — **Génisses de 1 à 2 ans.**

(Nées depuis le 1er mai 1894 et avant le 1er mai 1895.)

1re Sous-Section. — *Animaux présentés par des agriculteurs exploitant 30 hectares et au-dessus.*

(1er prix, **200^f^**; 2e, **150^f^**; 3e, **100^f^**.)

184. — 12 m. — Garonnaise-limousine, froment.	M. Tujas (Jean), précité.
185. — 13 m. — Garonnaise-limousine, froment.	M. Carthalié, précité.
186. — 13 m. 2 j. — Garonnaise-limousine, froment.	M. Limousin, précité.
187. — 13 m. 2 j. — Garonnaise-limousine, froment foncé.	M. Rozier, précité.
188. — 12 m. 3 j. — Garonnaise-limousine, froment	M. Escalot (Jean), précité.
189. — 19 m. 15 j. — Garonnaise-limousine, froment.	Le même.
190. — 16 m. — Garonnaise-limousine, rouge.	M. Olivier (Pierre), précité.
191. — 16 m. 10 j. — Garonnaise-limousine, froment rouge.	M. Beauvallon (François), précité.

2ᵉ Sous-Section. — *Animaux présentés par des petits cultivateurs propriétaires, métayers ou fermiers, exploitant moins de 30 hectares.*

(1ᵉʳ prix, **200ᶠ**; 2ᵉ, **150ᶠ**; 3ᵉ, **100ᶠ**.)

192. — 12 m. — Garonnaise-limousine, froment. — M. Tujas (Jean), précité.

193. — 12 m. 8 j. — Garonnaise-limousine, froment. — M. Monget, précité.

194. — 12 m. 15 j. — Garonnaise-limousine, froment clair. — M. Ruaud, précité.

195. — 18 m. — Limousine-garonnaise, froment. — M. Goumard-Sicaire, précité.

196. — 20 m. 9 j. — Garonnaise-limousine, froment foncé. — M. Médeville, précité.

2ᵉ SECTION. — **Génisses de 2 à 3 ans, pleines ou à lait.**

(Nées depuis le 1ᵉʳ mai 1893 et avant le 1ᵉʳ mai 1894.)

1ʳᵉ Sous-Section. — *Animaux présentés par des agriculteurs exploitant 30 hectares et au-dessus.*

(1ᵉʳ prix, **250ᶠ**; 2ᵉ, **200ᶠ**; 3ᵉ, **100ᶠ**.)

197. — 28 m. — Garonnaise-limousine, froment. — M. Carthalié, précité.

198. — 28 m. — Garonnaise-limousine, rouge. — M. Olivier (Pierre), précité.

199. — 28 m. — Garonnaise-limousine, froment foncé. — M. Rozier, précité.

200. — 30 m. 10 j. — Garonnaise-limousine, froment clair. — M. Limousin, précité.

2ᵉ Sous-Section. — *Animaux présentés par des petits cultivateurs propriétaires, métayers ou fermiers, exploitant moins de 30 hectares.*

(1ᵉʳ prix, **250ᶠ**; 2ᵉ, **200ᶠ**; 3ᵉ, **100ᶠ**.)

201. — 24 m. 2 j. — Garonnaise-limousine, froment. — M. Goumard-Sicaire, précité.

202. — 24 m. 27 j. — Garonnaise-limousine, froment. — M. Monget, précité.

203. — 27 m. — ..... Froment rouge. — M. Tujas (Pierre), précité.

204. — 29 m. 5 j. — Garonnaise-limousine, froment. — M. Médeville, précité.

205. — 30 m. 2 j. — Garonnaise-limousine, froment clair. — M. Ruaud, précité.

206. — 32 m. — Garonnaise-limousine, froment rouge. — M. Roussille (Jean), à Boé (Lot-et-Garonne).

3[e] SECTION. — **Vaches de plus de 3 ans, pleines ou à lait.**

(Nées avant le 1er mai 1893.)

1re Sous-Section. — *Animaux présentés par des agriculteurs exploitant 30 hectares et au-dessus.*

(1er prix, **300**[f]; 2[e], **250**[f]; 3[e], **200**[f]; 4[e], **100**[f].)

207. — 3 ans 4 m. — Garonnaise-limousine, rouge. — M. Olivier (Pierre), précité.

208. — 3 ans 6 m. — Garonnaise-limousine, froment. — M. Carthalié, précité.

209. — 4 ans 2 m. — Garonnaise-limousine, froment. — Le même.

210. — 4 ans. — Garonnaise-limousine, rouge. — M. Bensch, précité.

211. — 6 ans 6 m. — Garonnaise-limousine, froment foncé. — Le même.

212. — 4 ans — Garonnaise-limousine, froment foncé. — M. Rozier, précité.

213. — 8 ans. — Garonnaise-limousine, froment foncé. — Le même.

214. — 5 ans 6 m. — Garonnaise-limousine, froment. — M. Limousin, précité.

215. — 6 ans 2 m. 10 j. — Garonnaise-limousine, froment clair. — M. Combelles (Jean), précité.

2[e] Sous-Section. — *Animaux présentés par des petits cultivateurs propriétaires, métayers ou fermiers, exploitant moins de 30 hectares.*

(1er prix, **300**[f]; 2[e], **250**[f]; 3[e], **200**[f]; 4[e], **100**[f].)

216. — 3 ans 2 j. — Limousine-garonnaise, rouge. — M. Courrèges (Étienne), à Marmande (Lot-et-Garonne).

217. — 3 ans. 4 m. — Garonnaise-limousine, froment. — M. Courrèges, à Agen (Lot-et-Garonne).

218. — 3 ans 6 m. — Garonnaise-limousine, froment. — M. Tujas (Jean), précité.

219. — 3 ans 6 m. — Garonnaise-limousine, froment. — M. Gariole, à Caudecoste (Lot-et-Garonne).

220. — 3 ans 10 m. — Limousine-Garonnaise, froment. — M. Goumard-Sicaire, précité.

221. — 4 ans. — Limousine-Garonnaise, rouge. — M. Verdier (Jean), précité.

222. — 4 ans. 2 m 3 j. — Garonnaise-limousine, froment. — M. Médeville, précité.

223. — 4 ans 2 m. 5 j. — Garonnaise-limousine, froment rouge. — M. Lanusse (Jean), précité.

224. — 4 ans 8 m. — Garonnaise-limousine, froment foncé.	M. DURADE, à Montauban (Tarn-et-Garonne).
225. — 4 ans 8 m. 7 j. — Garonnaise-limousine, froment clair.	M. RUAUD, précité.
226. — 5 ans 6 m. 20 j. — Froment rouge.	M. TUJAS (Pierre), précité.
227. — 6 ans...... — Froment.....	M. DUPUY-GUIRAUD, précité.
228. 6 ans 8 m. 20 j. — Garonnaise-limousine, froment clair.	M. BONNEMORT, à Castelnau (Lot).
229. — 7 ans. — Garonnaise-limousine, froment foncé.	M. BERNÈDE, précité.

5e CATEGORIE.

Race de Lourdes.

Mâles.

1re SECTION. — **Animaux de 10 mois à 2 ans.**

(Nés depuis le 1er mai 1894 et avant le 1er juillet 1895.)

(1er prix, **300f**; 2e, **250f**; 3e, **150f**; 4e, **100f**.)

230. — 10 m. 2 j. — Froment clair....	M. LAMARQUE (Jean), à Sarrouilles (Hautes-Pyrénées).
231. — 11 m. 2 j. — Rouge..........	M. RABALLET (Jean), précité.
232. — 13 m. — Froment clair.......	M. MICHOU (Jean-Marie), à Laloubère (Hautes-Pyrénées).
233. — 14 m. 6 j. — Froment........	M. DALLAS (Édouard), à Séméac (Hautes-Pyrénées).
234. — 17 m. — Blanc..............	M. DAZAYOUS (Jean), à Séméac (Hautes-Pyrénées).
235. — 21 m. 15 j. — Froment clair...	M. PENIN (Pierre), à Mazères-Lezons (Basses-Pyrénées).

2e SECTION. — **Animaux de 2 à 4 ans.**

(Nés depuis le 1er mai 1892 et avant le 1er mai 1894.)

(1er prix, **300f**; 2e, **200f**; 3e, **150f**.)

236. — 25 m. 17 j. — Froment.......	M. DESPILHO, à Bordes (Hautes-Pyrénées).
237. — 27 m. 7 j. — Froment........	M. DALLAS (Édouard), précité.
238. — 28 m. 2 j. — Froment clair....	M. DUBIÉ (Félix), à Lau-Balagnas (Hautes-Pyrénées).

Femelles.

1re SECTION. — **Génisses de 10 mois à 2 ans.**

(Nées depuis le 1er mai 1894 et avant le 1er juillet 1895.)

1re Sous-Section. — *Animaux présentés par des agriculteurs exploitant 30 hectares et au-dessus.*

(1er prix, **200f**; 2e, **150f**; 3e, **100f**.)

239. — 10 m. — Froment........... M. Despilho, précité.
240. — 11 m. — Blanche............ M. Carassus, à Bordères (Hautes-Pyrénées).
241. — 11 m. 7 j. — Froment........ M. Dallas (Édouard), précité.
242. — 12 m. 3 j. — Froment........ Le même.
243. — 15 m. 5 j. — Froment clair..... M. Dubié (Félix), précité.
244. — 18 m. 7 j. — Blanche......... M. de Lestapis, à Artix (Basses-Pyrénées).

2e Sous-Section. — *Animaux présentés par des petits cultivateurs propriétaires, métayers ou fermiers, exploitant moins de 30 hectares.*

(1er prix, **200f**; 2e, **150f**; 3e, **100f**.)

245. — 11 m. — Froment........... M. Barrère (Jean-Marie), à Odos (Hautes-Pyrénées).
246. — 11 m. 15 j. — Blanche........ M. Vergez (Jean), à Aurensan (Hautes-Pyrénées).
247. — 11 m. 25 j. — Froment....... M. Abadie-Parret, à Laloubère (Hautes-Pyrénées).
248. — 12 m. 1 j. — Froment........ M. Fabe (Arnaud), à Bon-Encontre (Lot-et-Garonne).
249. — 15 m. — Blanche............ M. Milhas (Eugène), à Mazerolles (Hautes-Pyrénées).
250. — 17 m. — Froment........... M. Villeneuve (Charles), à Pouzac (Hautes-Pyrénées).
251. — 18 m. — Froment clair........ M. Larrieu (Bernard), à Séméac (Hautes-Pyrénées).
252. — 20 m. — Blanche............ M. Hau, à Ouillon (Basses-Pyrénées).
253. — 20 m. 19 j. — Froment....... M. Gesta (Jean-Marie), à Lourdes (Hautes-Pyrénées).

2e SECTION. — **Génisses de 2 à 3 ans, pleines ou à lait.**

(Nées depuis le 1er mai 1893 et avant le 1er mai 1894.)

1re SOUS-SECTION. — *Animaux présentés par des agriculteurs exploitant 30 hectares et au-dessus.*

(1er prix, **250f**; 2e, **200f**; 3e, **150f**.)

254. — 25 m. 4 j. — Froment........ M. DALLAS (Édouard), précité.
255. — 28 m. — Froment........... M. CARASSUS, précité.
256. — 29 m. 4 j. — Froment clair.... M. DUBIÉ (Félix), précité.

2e SOUS-SECTION. — *Animaux présentés par des petits cultivateurs propriétaires, métayers ou fermiers, exploitant moins de 30 hectares.*

(1er prix, **250f**; 2e, **200f**; 3e, **150f**.)

257. — 25 m. — Froment clair....... M. TRESSENS, à Sarniguet (Hautes-Pyrénées).
258. — 26 m. — Blanche............. M. HAU, précité.
259. — 27 m. 8 j. — Blanche......... M. VERGEZ (Jean), précité.
260. — 32 m. — Froment............ M. VILLENEUVE (Charles), précité.

3e SECTION. — **Vaches de plus de 3 ans, pleines ou à lait.**

(Nées avant le 1er mai 1893.)

1re SOUS-SECTION. — *Animaux présentés par des agriculteurs exploitant 30 hectares et au-dessus.*

(1er prix, **300f**; 2e, **250f**; 3e, **200f**; 4e, **100f**)

261. — 3 ans 1 m. 6 j. — Froment..... M. DALLAS (Édouard), précité.
262. — 5 ans 1 m. 3 j. — Froment..... Le même.
263. — 5 ans 4 m. 9 j. — Froment clair. M. DUBIÉ (Félix), précité.
264. — 5 ans 10 m. — Rose.......... M. RABALLET (Jean), précité.

2e SOUS-SECTION. — *Animaux présentés par des petits cultivateurs propriétaires, métayers ou fermiers, exploitant moins de 30 hectares.*

(1er prix, **300f**; 2e, **250f**; 3e, **200f**; 4e, **100f**.)

265. — 3 ans 15 j. — Froment........ M. VILLENEUVE (Charles), précité.
266. — 3 ans 1 m. — Blanche......... M. BARRÈRE (Jean-Marie), précité.
267. — 4 ans. — Froment clair....... M. LARRIEU (Bernard), précité.
268. — 4 ans 5 m. — Froment clair.... M. TRESSENS, précité.

269. — 5 ans. — **Poulide** (n° 86, 1er vol.). — Froment clair....... M. Biran (Jean-Marie), à Sarrouilles (Hautes-Pyrénées).

270. — 5 ans. — Blanche............ M. Hau, précité.

271. — 5 ans. — Froment clair........ M. Ousset (Jean), à Pont-du-Casse (Lot-et-Garonne).

272. — 5 ans 11 m. 15 j. — Froment clair Le même.

273. — 6 ans. — Froment clair....... M. Fabe (Arnaud), précité.

274. — 6 ans. — **Cablade** (n° 39, 1er vol.). — Blanche.... ...... M. Marcou, au Passage-d'Agen (Lot-et-Garonne).

275. — 7 ans. — Froment très clair .... M. Abadie-Parret, précité.

276. — 9 ans. — Froment clair........ M. Michou (Jean-Marie), précité.

277. — 9 ans. — **Haubine** (n° 76, 1er vol.). — Froment clair...... M. Peyriguère, à Sarrouilles (Hautes-Pyrénées).

6e CATÉGORIE.

Race de Saint-Girons et d'Aure.

Mâles.

1re SECTION. — **Animaux de 1 à 2 ans.**

(Nés depuis le 1er mai 1894 et avant le 1er mai 1895.)

(1er prix, **200f**; 2e, **150f**; 3e, **150f**; 4e, **100f**.)

278. — 14 m. 14 j. — Gris foncé...... M. Balade (Pierre), à Bazas (Gironde).

279. — 15 mois. — Gris............. M. Jolly (Jacques), à Fontrailles (Hautes-Pyrénées).

280. — 15 m. 5 j. — Aure, châtain .... M. Bességuet (Jean-Marie), à Puydarrieux (Hautes-Pyrénées).

281. — 16 m. — Saint-Gironnais, gris châtain. M. Galinier (Jean), à Montaut (Ariège).

282. — 16 m. — Aure, gris.......... M. Porte (Cyprien), à Ozon (Hautes-Pyrénées).

283. — 16 m. — Châtain............ M. Pujol (Eugène), à Cos (Ariège).

284. — 16 m. — Gris châtain......... M. Raspaud, à Foix (Ariège).

285. — 17 m. — Saint-Gironnais, gris foncé. M. Laffront (Laurent), à Toulouse (Haute-Garonne).

2ᵉ SECTION. — **Animaux de 2 à 4 ans.**

(Nés depuis le 1ᵉʳ mai 1892 et avant le 1ᵉʳ mai 1894.)

(1ᵉʳ prix, **300ᶠ**; 2ᵉ, **200ᶠ**; 3ᵉ, **150ᶠ**.)

286. — 25 m. — Saint-Gironnais, gris châtain. M. Galinier (Jean), précité.

287. — 25 m. — Gris châtain......... M. Raspaud, précité.

288. — 26 m. — Aure, gris.......... M. Porte (Cyprien), précité.

289. — 26 m. — Châtain............ M. Pujol (Eugène), précité.

290. — 27 m. — Gris............... M. Joly (Jacques), précité.

291. — 27 m. — Saint-Gironnais, gris.. M. Laffront (Laurent), précité.

292. — 30 m. 18 j. — Gris foncé...... M. Balade (Pierre), précité.

Femelles.

1ʳᵉ SECTION. — **Génisses de 1 à 2 ans.**

(Nées depuis le 1ᵉʳ mai 1894 et avant le 1ᵉʳ mai 1895.)

1ʳᵉ Sous-Section. — *Animaux présentés par des agriculteurs exploitant 30 hectares et au-dessus.*

(1ᵉʳ prix, **200ᶠ**; 2ᵉ, **150ᶠ**; 3ᵉ **100ᶠ**.)

293. — 13 m. — Aure, grise......... M. Despilho, précité.

294. — 15 m. — Saint-Gironnaise, gris châtain. M. Galinier (Jean), précité.

295. — 15 m. — Aure, grise......... M. Porte (Cyprien), précité.

296. — 15 m. 10 j. — Gris châtain..... M. Eychenne (Pierre), à Foix (Ariège).

297. — 18 m. 2 j. — Châtain......... M. Marot (Jean), à Foix (Ariège).

2ᵉ Sous-Section. — *Animaux présentés par des petits cultivateurs propriétaires, métayers ou fermiers, exploitant moins de 30 hectares.*

(1ᵉʳ prix, **200ᶠ**; 2ᵉ, **150ᶠ**; 3ᵉ **100ᶠ**.)

298. — 13 m. — Grise.............. M. Barrère (J.-P.), à Odos (Hautes-Pyrénées).

299. — 13 m. — Saint-Gironnaise, gris clair. M. Joly (Jacques), précité.

300. — 16 m. — Saint-Gironnaise, gris clair. M. Laffront (Laurent), précité.

301. — 17 m. 1 j. — Grise........... M. Dupla (Lucien), à Verniolle (Ariège).

302. — 23 m. — Gris châtain......... M. Pujol (Eugène), précité.

303. — 13 m. — Aure, grise......... M. Raspaud, précité.

2[e] SECTION. — **Génisses de 2 à 3 ans, pleines ou à lait.**

(Nées depuis le 1er mai 1893 et avant le 1er mai 1894.)

1re Sous-Section. — *Animaux présentés par des agriculteurs exploitant 30 hectares et au-dessus.*

(1er prix, **250[f]**; 2[e], **200[f]**; 3[e], **150[f]**.)

304. — 24 m. — Saint-Gironnaise, gris châtain. — M. Galinier (Jean), précité.
305. — 24 m. 10 j. — Aure, grise . . . . . — M. Porte (Cyprien), précité.
306. — 26 m. 6 j. — Gris châtain. . . . . . — M. Eychenne (Pierre), précité.
307. — 27 m. — Aure, grise . . . . — M. Despilho, précité.
308. — 28 m. — Saint-Gironnaise, gris châtain. — M. Galinier (Jean), précité.
309. — 28 m. 1 j. — Gris châtain. . . . . . — M. Marot (Jean), précité.

2[e] Sous-Section. — *Animaux présentés par des petits cultivateurs propriétaires, métayers ou fermiers, exploitant moins de 30 hectares.*

(1er prix, **250[f]**, 2[e], **200[f]**; 3[e], **150[f]**.)

310. — 25 m. — Aure, grise. . . . . — M. Barrère (J.-P.), précité.
311. — 26 m. — Grise. . . . . — M. Joly (Jacques), précité.
312. — 28 m. Saint-Gironnaise, grise. . . — M. Dupla (Lucien), précité.
313. — 28 m. — Saint-Gironnaise, châtain. — M. Pujol (Eugène), précité.
314. — 30 m. — Gris châtain. . . . . — M. Raspaud, précité.

3[e] SECTION. — **Vaches de plus de 3 ans, pleines ou à lait.**

(Nées avant le 1er mai 1893.)

1re Sous-Section. — *Animaux présentés par des agriculteurs exploitant 30 hectares et au-dessus.*

(1er prix, **300[f]**; 2[e], **250[f]**; 3[e], **200[f]**; 4[e], **100[f]**.)

315. — 4 ans. — Saint-Gironnaise, gris châtain. — M. Galinier (Jean), précité.
316. — 4 ans 1 m. — Saint-Gironnaise, gris châtain. — Le même.
317. — 4 ans. — Aure, grise . . . . — M. Porte (Cyprien), précité.
318. — 4 ans 1 m. 8 j. — Gris châtain. . — M. Marot (Jean), précité.
319. — 5 ans 4 m. 5 j. — Gris châtain. . — M. Eychenne (Pierre), précité.
320. — 6 ans. — Grise. . . . . — M. Despilho, précité.

2ᵉ Sous-Section. — *Animaux présentés par des petits cultivateurs propriétaires, métayers ou fermiers, exploitant moins de 30 hectares.*

(1ᵉʳ prix, **300ᶠ**; 2ᵉ, **250ᶠ**; 3ᵉ, **200ᶠ**; 4ᵉ, **100ᶠ**.)

321. — 3 ans 2 m. — Saint-Gironnaise, grise. — M. Dupla (Lucien), précité.

322. — 4 ans 2 j. — Saint-Gironnaise, châtain. — M. Pujol (Eugène), précité.

323. — 4 ans 7 m. — Gris foncé...... M. Laffront (Laurent), précité.

324. — 5 ans. — Aure, châtain....... M. Barrère (Jean-Marie), précité.

325. — 6 ans. — Grise.............. M. Joly (Jacques), précité.

326. — 6 ans. — Gris châtain......... M. Raspaud, précité.

7ᵉ CATÉGORIE.

Race Bazadaise

Mâles.

1ʳᵉ SECTION. — **Animaux de 1 à 2 ans.**

(Nés depuis le 1ᵉʳ mai 1894 et avant le 1ᵉʳ mai 1895.)

(1ᵉʳ prix, **300ᶠ**; 2ᵉ, **250ᶠ**; 3ᵉ, **200ᶠ**; 4ᵉ, **150ᶠ**.)

327. — 12 m. 4 j. — Gris foncé....... M. Touchard, à Bazas (Gironde).

328. — 12 m. 17 j. — Gris............ M. Balade (Pierre), précité.

329. — 13 m. 25 j. — Gris............ Le même.

330. — 13 m. 10 j. — Gris............ M. Lucante (Vincent), à Bon-Encontre (Lot-et-Garonne).

331. — 14 m. — Gris brun........... M. Doucet (Jean), à Romestaing (Lot-et-Garonne).

332. — 14 m. 17 j. — Gris foncé..... M. Courrèges-Longue, à Bazas (Gironde).

333. — 15 m. 24 j. — Gris foncé..... Le même.

334. — 16 m. 10 j. — Gris foncé..... Le même.

335. — 16 m. 29 j. — Gris foncé..... Le même.

336. — 17 m. 11 j. — Gris foncé..... Le même.

337. — 15 m. 10 j. — Gris............ M. Lussagnet (H.), à Cuq (Lot-et-Garonne).

338. — 18 m. 3 j. — Gris............ Le même.

339. — 16 m. 5 j. — Gris foncé....... M. Cathalot (Gustave), à Bordeaux (Gironde).

340. — 17 m. 10 j. — Gris........... M. Buytet (Pierre), à Langon (Gironde).

341. — 18 m. — Gris clair........... M. Darquey (Eugène), à Bernos (Gironde).

342. — 18 m. 4 j. —............... M. de Bonneau du Val, à Sauméjan (Lot-et-Garonne).

343. — 20 m. 9 j. — Gris foncé....... M. Lanusse (Jean), précité.

344. — 22 m. 7 j. — Gris............. M. Médeville, précité.

2e SECTION. — **Animaux de 2 à 4 ans.**

(Nés depuis le 1er mai 1892 et avant le 1er mai 1894.)

(1er prix, **300f**; 2e, **200f**; 3e, **150f**.)

345. — 25 m. 9 j. — Gris........... M. Balade (Pierre), précité.

346. — 26 m. 21 j. — Gris clair...... M. Cathalot (Gustave), précité.

347. — 27 m. 7 j. — Gris foncé....... M. Courrègelongue, précité.

348. — 32 m. — Gris foncé.......... M. Darquey (Eugène), précité.

349. — 32 m. 15 j. — Gris.......... M. Médeville, précité.

Femelles.

1re SECTION. — **Génisses de 1 à 2 ans.**

(Nées depuis le 1er mai 1894 et avant le 1er mai 1895.)

1re Sous-Section. — *Animaux présentés par des agriculteurs exploitant 30 hectares et au-dessus.*

(1er prix, **200f**; 2e, **150f**; 3e, **100f**.)

350. — 13 m. — Gris clair.. .... M. Darquey (Eugène), précité.

351. — 13 m. 25 j. — Gris clair...... M. Belloc (Clément), à Saint-Côme (Gironde).

352. — 14 m. 15 j. — Grise.......... M. Courrèlongue, précité.

353. — 14 m. 17 j. — Froment....... M. Cathalot (Gustave), précité.

354. — 16 m. — Grise............. M. Lussagnet (H.), précité.

355. — 19 m. 10 j. — Grise.......... Le même.

2e Sous-Section. — *Animaux présentés par des petits cultivateurs propriétaires, métayers ou fermiers, exploitant moins de 30 hectares.*

(1er prix, **200f**; 2e, **150**; 3e, **100f**.)

356. — 12 m. — Grise............... M. Médeville, précité.

357. — 12 m. 22 j. — Gris clair...... M. Balade (Pierre), précité.

358. — 20 m. 24 j. — Grise.......... Le même.

359. — 21 m. 3 j. — Grise.......... M. Médeville, précité.

360. — 22 m. 10 j. — Gris clair...... M. Touchard, précité.

2ᵉ SECTION. — **Génisses de 2 à 3 ans, pleines ou à lait.**

(Nées depuis le 1ᵉʳ mai 1893 et avant le 1ᵉʳ mai 1894.)

1ʳᵉ Sous-Section. — *Animaux présentés par des agriculteurs exploitant 30 hectares et au-dessus.*

(1ᵉʳ prix, **250ᶠ**; 2ᵉ, **200ᶠ**; 3ᵉ, **150ᶠ**.)

361. — 26 m. — Gris froment .... M. Darquey (Eugène), précité.
362. — 27 m. 4 j. — Grise........... M. Courrégelongue, précité.
363. — 29 m. 18 j. — Gris clair....... M. Cathalot (Gustave), précité.
364. — 31 m. 14 j. — Grise.......... M. Courrègelongue, précité.
365. — 33 m. 3 j. — Gris clair........ M. Belloc (Clément), précité.

2ᵉ Sous-Section. — *Animaux présentés par des petits cultivateurs propriétaires, métayers ou fermiers, exploitant moins de 30 hectares.*

(1ᵉʳ prix, **250ᶠ**; 2ᵉ, **200ᶠ**; 3ᵉ, **150ᶠ**.)

366. — 28 m. 27 j. — Gris foncé...... M. Balade (Pierre), précité.
367. — 31 m. 5 j. — Grise............ M. Médeville, précité.

3ᵉ SECTION. — **Vaches de plus de 3 ans, pleines ou à lait.**

(Nées avant le 1ᵉʳ mai 1893.)

1ʳᵉ Sous-Section. — *Animaux présentés par des agriculteurs exploitant 30 hectares et au-dessus.*

(1ᵉʳ prix, **300ᶠ**; 2ᵉ, **250ᶠ**; 3ᵉ, **200ᶠ**; 4ᵉ, **100ᶠ**.)

368. — 3 ans 2 m. 11 j. — Gris foncé... M. Belloc (Clément), précité.
369. — 3 ans 6 m. 7 j. — Froment..... M. Cathalot (Gustave), précité.
270. — 3 ans 9 m. — Gris clair........ M. Darquey (Eugène), précité.
371. — 4 ans. — Gris froment .... Le même.
372. — 4 ans 1 m. 20 j. — Grise....... M. Courrègelongue, précité.
373. — 4 ans 2 m. 28 j. — Grise....... Le même.
374. — 5 ans 1 m. — Grise........... M. Léoni-Langlois, à Saint-Selve (Gironde).
375. — 6 ans 11 m. — Grise.......... M. Lussagnet (H), précité.

2ᵉ Sous-Section. — *Animaux présentés par des petits cultivateurs propriétaires, métayers ou fermiers, exploitant moins de 30 hectares.*

(1ᵉʳ prix, **300ᶠ**; 2ᵉ, **250ᶠ**; 3ᵉ, **200ᶠ**; 4ᵉ, **100ᶠ**.)

376. — 4 ans 11 j. — Grise .... M. Médeville, précité.
377. — 4 ans 6 m. 10 j. — Gris froment. M. Balade (Pierre), précité.
378. — 4 ans 9 m. 10 j. — Gris froment. Le même.

8e CATÉGORIE.

Race Gasconne.

1re Sous-Catégorie. — *Variétés à muqueuses totalement noires.*

Mâles.

1re SECTION. — **Animaux de 1 à 2 ans.**

(Nés depuis le 1er mai 1894 et avant le 1er mai 1895.)

(1er prix, **300f**; 2e, **250f**; 3e, **200f**.)

379. — 12 m. — Gris . . . . M. Milhas (Eugène), précité.

380. — 12 m. — Gris . . . . M. Faulon, à Betbézé (Hautes-Pyrénées).

381. — 12 m. 1 j. — Gris . . . . Mme Lurde (Maria), à Charlas (Hautes-Pyrénées).

382. — 12 m. 2 j. — Gris . . . . M. Bascans (Jean-Bernard), à Charlas (Haute-Garonne).

383. — 12 m. 3 j. — Gris . . . . M. Duran, à Charlas (Haute-Garonne).

384. — 12 m. 8 j. — Gris blaireau . . . . . M. Solle (François), à Sarremezan (Haute-Garonne).

385. — 12 m. 15 j. — Gris blanc . . . . . . M. Raspaud, précité.

386. — 13 m. 2 j. — Gris blaireau . . . . . M. Bonnemaison, à Lussan (Gers).

387. — 13 m. 7 j. — Gris . . . . M. Lartigue (J.-B.), à Sarremezan (Haute-Garonne).

388. — 14 m. — Gris . . . . M. Joly (Jacques), précité.

389. — 15 m. 2 j. — Gris . . . . M. Faulong (Laurent), à Puydarrieux (Hautes-Pyrénées).

390. — 15 m. 15 j. — Blaireau . . . . M. Nouvion, à Auch (Gers).

391. — 16 m. — Gris . . . . M. Galinier (Jean), précité.

392. — 16 m. 15 j. — Gris blaireau . . . . M. Tachoires, à Lavelanet (Haute-Ga-

393. — 17 m. — Gris . . . . M. Pujol (Eugène), précité.
ronne).

394. — 18 m. — Gris blaireau . . . . M. Bascans (Aristide), à Charlas (Haute Garonne).

395. — 20 m. 11 j. — Gris fauve . . . . . . M. Carme (François), à Pamiers (Ariège).

2e SECTION. — **Animaux de 2 à 4 ans.**

(Nés depuis le 1er mai 1892 et avant le 1er mai 1894.)

(1er prix, **300f**; 2e, **200f**.)

396. — 24 m. 1 j. — Gris . . . . M. Faulong (Laurent), précité.

397. — 24 m. 2 j. — Gris blaireau . . . . . M. Bascans (Aristide), précité.

398. — 24 m. 2 j. — Gris........... Mme Lurde (Maria), précitée.
399. — 24 m. 15 j. — Gris blairerau... M. Solle (François), précité.
400. — 25 m. 3 j. — Gris............. M. Rességuet (Jean-Marie), précité.
401. — 26 m. — Gris............... M. Decker-David, à Auch, (Gers).
402. — 26 m. — Gris............... M. Milhas (Eugène), précité.
403. — 26 m. — Gris blanc.......... M. Raspaud, précité.
404. — 27 m. 6 j. — Gris blaireau...... M. Taghoires, précité.
405. — 28 m. — Gris............... M. Galinier (Jean), précité.
406. — 28 m. — Gris,.............. M. Joly (Jacques), précité.
407. — 28 m. 10 j. — Gris blaireau... M. Bonnemaison, précité.

Femelles.

1re SECTION. — **Génisses de 1 à 2 ans.**

(Nées depuis le 1er mai 1894 et avant le 1er mai 1895.)

1re Sous-Section. — *Animaux présentés par des agriculteurs exploitant 30 hectares et au-dessus.*

(1er prix, **200f**; 2e, **100f**.)

408. — 12 m. — Grise............. M. Faulong (Laurent), précité.
409. — 12 m. 10 j. — Gris blanc,... M. Solle (François), précité.
410. — 13 m. 14 j. — Gris blanc..... M. Dilhan (Édouard), à Sainte-Marie (Gers).
411. — 15 m. 7 j. — Grise,......... M. Rességuet (Jean-Marie), précité.
412. — 15 m. 14 j. — Gris clair...... M. Carme (François), précité,
413. — 16 m. 2 j. — Grise.......... Le même.
414. — 16 m. 6 j. — Gris blaireau... M. Tachoires, précité.
415. — 20 m. — Grise............. M. Bascans (Jean-Bernard), précité.
416. — 22 m. — Grise............. M. Galinier (Jean), précité.

2e Sous-Section. — *Animaux présentés par des petits cultivateurs propriétaires, métayers ou fermiers, exploitant moins de 30 hectares.*

(1er prix, **200f**; 2e, **100f**.)

417. — 12 m. — Grise............. M. Milhas (Eugène), précité.
418. — 12 m. — Grise............. M. Pujol (Eugéne), précité.
419. — 12 m. 2 j. — Grise.......... M. Duran, précité.
420. — 12 m. 8 j. — Grise.......... M. Faulon, précité,
421. — 12 m. 15 j. — Gris blanc,.... M. Raspaud, précité.

422. — 13 m. — Grise............. M. Bascans (Aristide), précité.
423. — 13 m. — Grise............. Mme Lurde (Maria), précitée.
424. — 14 m. 1 j. — Grise........... M. de Faucher (Martin), à Pointis-Inard (Haute-Garonne).
425. — 16 m. — Grise............. M. Joly (Jacques), précité.
426. — 22 m. — Blaireau........... M. Darrin, à Preignan (Gers).

2e SECTION. — **Génisses de 2 à 3 ans, pleines ou à lait.**

(Nées depuis le 1er mai 1893 et avant le 1er mai 1894.)

1re Sous-Section. — *Animaux présentés par des agriculteurs exploitant 30 hectares et au-dessus.*

(1er prix, **250f**; 2e, **150f**.)

427. — 25 m. — Grise............. M. Galinier (Jean), précité.
428. — 26 m. — Gris blanc.......... M. Dilhan (Edouard), précité.
429. — 28 m. — Gris blanc.......... M. Solle (François), précité.
430. — 29 m. 8 j. — Grise.......... M. Rességuet (Jean-Marie), précité.
431. — 30 m. — Grise............. M. Bascans (Jean-Bernard), précité.
432. — 35 m 2 j. — Gris blaireau..... M. Tachoires, précité.

2e Sous-Section. — *Animaux présentés par des petits cultivateurs propriétaires, métayers ou fermiers, exploitant moins de 30 hectares.*

(1er prix, **250f**; 2e, **150f**.)

433. — 24 m. 8 j. — Grise........... Mme Lurde (Maria), précitée.
434. — 27 m. — Grise............. M. Joly (Jacques), précité.
435. — 30 m. — Grise.............. M. Faulon, précité.
436. — 31 m. — Grise.............. Le même.
437. — 30 m. — Gris blanc.......... M. Raspaud précité.
438. — 32 m. — Grise............. M. Duran, précité.
439. — 34 m. 8 j. — Grise........... M. Pujol (Eugène), précité.

3e SECTION. — **Vaches de plus de 3 ans, pleines ou à lait.**

(Nées avant le 1er mai 1893.)

1re Sous-Section. — *Animaux présentés par des agriculteurs exploitant 30 hectares et au-dessus.*

(1er prix, **300f**; 2e, **250f**; 3e, **150f**.)

440. — 3 ans 2 m. 1 j. — Grise...... M. Marot (Jean), précité.
441. — 3 ans 3 m. — Gris clair...... M. Carme (François), précité.
442. — 3 ans 3 m. 6 j. — Gris clair... Le même.

443. — 3 ans 4 m. — Gris blanc ..... M. Solle (François), précité.
444. — 3 ans 5 m. — Gris blaireau.... M. Dilhan (Édouard), précité.
445. — 3 ans 6 m. 15 j. — Grise..... M. Descat (Gabriel), à Auch (Gers).
446. — 3 ans 11 m. 5 j. — Gris blaireau.................... M. Tachoires, précité.
447. — 4 ans. — Grise .... M. Galinier (Jean), précité.
448. — 6 ans. — Grise .... M. Bascans (Jean-Bernard), précité.
449. — 6 ans. — Grise............. M. Faulong (Laurent), précité.

2e Sous-Section. — *Animaux présentés par des petits cultivateurs propriétaires, métayers ou fermiers, exploitant moins de 30 hectares.*

(1er prix, **300**f; 2e, **250**f; 3e, **150**f.)

450. — 3 ans 1 m. — Grise .... M. Dupla (Lucien), précité.
451. — 3 ans 4 m. Grise .... M. Pujol (Eugène), précité.
452. — 4 ans. — Gris blanc .... M. Raspaud, précité.
453. — 5 ans. — Grise .... M. Bascans (Aristide), précité.
454. — 5 ans. — Grise............. M. Joly (Jacques), précité.
455. — 5 ans 5 j. — Grise.......... M. Duran, précité.
456. — 6 ans. — Grise............. M. de Fauchet (Martin), précité.
457. — 6 ans. — Grise .... Mme Lurde (Maria), précitée.
458. — 6 ans 2 m. — Grise .... M. Foulon, précité.
459. — 6 ans 5 m. — Grise .... Le même.
460. — 8 ans. — Gris clair.......... M. Dabrin, précité.

2e Sous-Catégorie. — *Variétés à muqueuses noires auréolées de rose.*

Mâles.

1re SECTION. — **Animaux de 1 à 2 ans.**

(Nés depuis le 1er mai 1894 et avant le 1er mai 1895.)

(1er prix, **300**f; 2e, **250**f; 3e, **200**.)

461. — 12 m. 25 j. — Gris blanc. ... M. Bonnemaison, précité.
462. — 16 m. — Gris blanc.......... M. Dilhan (Édouard), précité.

2e SECTION. — **Animaux de 2 à 4 ans.**

(1er prix, **300**f; 2e, **200**f.)

463. — 25 m. 10 j. — Gris........... M. Bonnemaison, précité.
464. — 27 m. — Gris blanc. .... M. Dilhan (Édouard), précité.

Femelles.

1re SECTION. — **Génisses de 1 à 2 ans.**

(Nées depuis le 1er mai 1894 et avant le 1er mai 1895.)

1re Sous-Section. — *Animaux présentés par des agriculteurs exploitant 30 hectares et au-dessus.*

(1er prix, **200f**; 2e, **100f**.)

465. — 12 m. 15 j. — Gris blanc...... M. Bonnemaison, précité.
466. — 22 m. — Grise............ M. Decker-David, précité.
467. — 22 m. 15 j. — Grise......... M. Descat (Gabriel), précité.

2e Sous-Section. — *Animaux présentés par des petits cultivateurs propriétaires, métayers ou fermiers, exploitant moins de 30 hectares.*

(1er prix, **200f**; 2e, **100f**.)

468. — 12 m. 15 j. — Gris blanc..... M. Dabrin, précité.
469. — 18 m. — Grise............. M. Pujol (Eugène), précité.
470. — 22 m. — Gris blanc......... M. Raspaud, précité.

2e SECTION. — **Génisses de 2 à 3 ans, pleines ou à lait.**

(Nées depuis le 1er mai 1893 et avant le 1er mai 1894.)

1re Sous-Section. — *Animaux présentés par des agriculteurs exploitant 30 hectares et au-dessus.*

(1er prix, **250f**; 2e, **150f**.)

471. — 24 m. 1 j. — Grise.......... M. Decker-David, précité.
472. — 25 m. 10 j. — Gris blaireau... M. Bonnemaison, précité.
473. — 30 m. — Grise............. M. Galinier (Jean), précité.
474. — 34 m. 20 j. — Gris blanc..... M. Descat (Gabriel), précité.

2e Sous-Section. — *Animaux présentés par des petits cultivateurs propriétaires métayers ou fermiers, exploitant moins de 30 hectares.*

(1er prix, **250f**; 2e, **150f**.)

475. — 25 m. — Grise............. Mme Lacomme, à Auterrive (Gers).
476. — 28 m. — Gris blanc......... M. Dabrin, précité.
477. — 30 m. — Grise............. M. Pujol (Eugène), précité.
478. — 30 m. — Gris blanc......... M. Raspaud, précité.

3ᵉ SECTION. — **Vaches de plus de 3 ans, pleines ou à lait.**

(Nées avant le 1ᵉʳ mai 1893.)

1ʳᵉ Sous-Section. — *Animaux présentés par des agriculteurs exploitant 30 hectares et au-dessus.*

(1ᵉʳ prix, **300ᶠ**; 2ᵉ, **250ᶠ**; 3ᵉ, **150ᶠ**.)

479. — 3 ans 3 j. — Gris-blanc........ M. Bonnemaison, précité.
480. — 4 ans. — Grise................ M. Descat (Gabriel), précité.

2ᵉ Sous-Section. — *Animaux présentés par des petits cultivateurs propriétaires, métayers ou fermiers, exploitant moins de 30 hectares.*

(1ᵉʳ prix, **300ᶠ**; 2ᵉ, **250ᶠ**; 3ᵉ, **150ᶠ**.)

481. — 3 ans 2 m. — Grise........... Mᵐᵉ Lacomme, précitée.
482. — 4 ans. — Gris blanc........... M. Raspaud, précité.

9ᵉ CATÉGORIE.

Race Bordelaise.

Mâles.

SECTION UNIQUE. — **Animaux de 1 à 3 ans.**

(Nés depuis le 1ᵉʳ mai 1893 et avant le 1ᵉʳ mai 1895.)

(1ᵉʳ prix, **300ᶠ**; 2ᵉ, **250ᶠ**; 3ᵉ, **150ᶠ**.)

483. — 12 m. 5 j. — Rouge.......... M. Goumard-Sicaire, précité.
484. — 21 m. 7 j. — Noir et blanc..... M. Médeville, précité.
485. — 24 m. — Noir............... M. Rouillard, à Blanquefort (Gironde).

Femelles.

1ʳᵉ SECTION. — **Génisses de 1 à 2 ans.**

(Nées depuis le 1ᵉʳ mai 1894 et avant le 1ᵉʳ mai 1895.)

(1ᵉʳ prix, **200ᶠ**; 2ᵉ, **150ᶠ**; 3ᵉ, **100ᶠ**.)

486. — 14 m. — Noire.............. M. Charlot (Raoul), précité.
487. — 18 m. — Noire.............. M. Rouillard, précité.

2ᵉ SECTION. — **Génisses de 2 à 3 ans, pleines ou à lait.**

(Nées depuis le 1ᵉʳ mai 1893 et avant le 1ᵉʳ mai 1894.)

(1ᵉʳ prix, **250ᶠ**; 2ᵉ, **200ᶠ**; 3ᵉ, **150ᶠ**.)

488. — 30 m. — Noire. . . . . M. ROUILLARD, précité.

3ᵉ SECTION. — **Vaches de plus de 3 ans, pleines ou à lait.**

(Nées avant le 1ᵉʳ mai 1893.)

(1ᵉʳ prix, **300ᶠ**; 2ᵉ, **250ᶠ**; 3ᵉ, **200ᶠ**; 4ᵉ, **100ᶠ**.)

489. — 4 ans 1 m. 15 j. — Noire et blanche. M. MÉDEVILLE, précité.

490. — 4 ans 8 m. — Noire et blanche. M. LÉONI-LANGLOIS, précité.

491. — 5 ans 8 m. — Noire et blanche. M. ROUILLARD, précité.

492. — 7 ans. — Noire et rouge. . . . . M. CORNAC (Hippolyte), à Toulouse (Haute-Garonne).

10ᵉ CATÉGORIE.

Races françaises et étrangères pures, autres que celles ayant une catégorie spéciale.

Mâles.

SECTION UNIQUE. — **Animaux de 1 à 3 ans.**

(Nés depuis le 1ᵉʳ mai 1893 et avant le 1ᵉʳ mai 1895.)

(1ᵉʳ prix, **300ᶠ**; 2ᵉ, **250ᶠ**; 3ᵉ, **150ᶠ**.)

493. — 13 m. 3 j. — Hollandais, noir et blanc. M. TEULÉ (Alphonse), à Bordeaux (Gironde).

494. — 14 m. — Hollandais, noir et blanc. M. CARTHALIÉ, précité.

495. — 14 m. — Breton; noir et blanc. . M. FEUILLERADE, au Passage-d'Agen (Lot-et-Garonne).

496. — 16 m. . . . . . Blaireau. . . . . M. FAULONG (Laurent), précité.

497. — 18 m. — Hollandais, noir et blanc. M. MÉDEVILLE (Numa), précité.

498. — 18 m. — Hollandais, noir et et blanc. M. ROUILLARD, précité.

499. — 21 m. 15 j. — Breton, noir et blanc. M. LÉONI-LANGLOIS, précité.

500. — 22 m. — Ayrshire, pie rouge. . . M. LAFFRONT (Laurent), précité.

501. — 22 m. 16 j. — Schwits, gris.... Mme Zubléna, à Montpellier (Hérault).

502. — 24 m. 15 j. — Hollandais, noir et blanc. M. le comte de Molinier, à Palau-de-Vidre (Pyrénées-Orientales).

503. — 26 m. — Hollandais, noir..... M. Lagrange (Jacques), à Blanquefort (Gironde).

504. — 28 m. — Ayrshire, pie rouge... M. Laffront (Laurent), précité.

505. — 29 m. 8 j. — Hollandais, noir et blanc. M. Vern (Eugène), à Montauban (Tarn-et-Garonne).

506. — 31 m. — Breton, pie noir..... M. de Lis-Leferme, précité.

507. — 36 m. — Hollandais, blanc et noir. M. Gaide (Pierre), à Toulouse (Haute-Garonne).

Femelles.

1re SECTION. — Génisses de 1 à 3 ans.

(Nées depuis le 1er mai 1894 et avant le 1er mai 1895).

(1er prix, **200f**; 2e, **150f**; 3e, **100f**.)

508. — 12 m. 7 j. — Ayrshire, pie rouge M. Laffront (Laurent), précité.

509. — 12 m. 15 j. — Blaireau........ M. Faulong (Laurent), précité.

510. — 12 m. 15 j. — Bretonne, pie noire. M. de Lis-Leferme, précité.

511. — 14 m. — Hollandaise, noire et blanche. M. Boi (Antoine), à Castanet (Haute Garonne).

512. — 15 m. — Béarnaise, froment... M. Trépeu, précité.

513. — 16 m. — Bretonne, blanche et grise. M. de Vassal-Sineuil, à Roquefort (Lot-et-Garonne).

514. — 16 m. — Schwitz, grise....... Mme Zubléna, précitée.

515. — 16 m. 9 j. — Angle, grise..... M. Devic (Pierre), à Montpellier (Hérault).

516. — 18 m. — Hollandaise, noire et blanche. M. Rouillard, précité.

517. — 19 m. — Hollandaise, blanche et noire. M. Gaide (Pierre), précité.

518. — 22 m. 5 j. — Hollandaise, noire et blanche. M. Médeville (Numa), précité.

2e SECTION. — Génisses de 2 à 3 ans, pleines ou à lait.

(Nées depuis le 1er mai 1893 et avant le 1er mai 1894.)

(1er prix, **250f**; 2e, **200f**; 3e, **150f**.)

519. — 24 m. 15 j. — Schwitz, grise... M. Devic (Pierre), précité.

520. — 24 m. 15 j. — Schwitz, grise... Mme Zubléna, précitée.

521. — 25 m. — Hollandaise, blanche et noire. M. Lagrange (Jacques), précité.

522. — 26 m. — Hollandaise, noire et blanche. M. Boi (Antoine), précité.

523. — 30 m. — Hollandaise, noire et blanche. Le même.

524. — 28 m. — Salers, rouge........ MM. Brel et Delfour, à Alvignac (Lot).

525. — 28 m. — Hollandaise, blanche et noire. M. Gaide (Pierre), précité.

526. — 28 m. 15 j. — Hollandaise, noire et blanche. M. Rouillard, précité.

527. — 32 m. — Ayrshire, pie rouge... M. Laffront (Laurent), précité.

528. — 32 m. — Bretonne, pie noire... M. de Lis-Leferme, précité.

529. — 33 m. — Bretonne, pie noire... Le même.

3e SECTION. — **Vaches de plus de 3 ans, pleines ou à lait.**

(Nées avant le 1er mai 1893.)

(1er prix, **300f**; 2e, **250f**; 3e, **200f**; 4e, **150f**; 5e, **100f**.)

530. — 3 ans 1 m. — Bretonne, gris froment. M. Lambert, à Agen (Lot-et-Garonne).

531. — 3 ans 2 m. — Bretonne, gris froment. Le même.

532. — 3 ans 2 m. — Flamande, rouge brun pâle. M. Boi (Antoine), précité.

533. — 5 ans. — Hollandaise, noire et blanche. Le même.

534. — 3 ans 2 m. — Bretonne, noire et blanche. M. Léoni-Langlois, précité.

535. — 4 ans. — Bretonne, noire et blanche. Le même.

536. — 4 ans 3 j. — Bretonne, noire et blanche. Le même.

537. — 5 ans 5 j. — Bretonne, noire et blanche. Le même.

538. — 3 ans 4 m. — Aubrac, froment.. M. Faulon, précité.

539. — 4 ans. — Bretonne, pie noire... M. de Lis-Leferme, précité.

540. — 5 ans 4 m. — Bretonne, pie noire. Le même.

541. — 4 ans 2 j. — Hollandaise, noire et blanche. M. Médeville (Numa), précité.

542. — 4 ans 15 j. — Suisse, rouge et blanche. M. Odde (Alfred), à Oloron (Basses-Pyrénées).

543. — 4 ans 1 m. 15 j. — Hollandaise, noire et blanche. M. Dumur, au Passage-d'Agen (Lot-et-Garonne).

544. — 4 ans 3 m. — Ayrshire, pie rouge. M. Laffront (Laurent), précité.

545. — 6 ans. — Ayrshire, pie rouge. Le même.

546. — 4 ans 10 m. — Normande, noire et blanche. M. Bonnemaison, précité.

547. — 5 ans 6 j. — Angle, grise...... M. Devic (Pierre), précité.

548. — 5 ans 6 j. — Schwitz, grise..... Mme Zubléna, précitée.

549. — 5 ans 3 m. 17 j. — Hollandaise, noire et blanche. M. Teulé (Alphonse), précité.

550. — 6 ans. — Hollandaise, blanche et noire. M. Rouillard, précité.

551. — 6 ans. — Hollandaise, noire et blanche. Le même.

552. — 6 ans. — Hollandaise, blanche et noire. M. Gaide (Pierre), précité.

553. — 7 ans. — Hollandaise, noire et blanche. Le même.

554. — 7 ans. — Normande, pie bringée. M. Cornac (Hippolyte), précité.

555. — 7 ans. — Normande, pie marron clair. M. Poulou, à Fleurance (Gers).

556. — 7 ans. — Landaise, noire et blanche. M. de Vassal-Sineuil, précité.

557. — 8 ans- — Bretonne, noire et blanche. Le même.

558. — 7 ans 3 m. — Hollandaise, noire. M. Lagrange (Jacques), précité.

Bandes de vaches laitières, pleines ou à lait.

(1er prix, 450f; 2e, 350f; 3e, 250f; 4e, 200f.)

559. — 5 ans. — Schwitz, brune..... M. Boi (Antoine), précité.

560 — 5 ans. — Schwitz, brune..... Le même.

561. — 6 ans. — Schwitz, brune..... Le même.

562. — 6 ans. — Schwitz, brune..... Le même.

---

563. — Tarine, froment............ M. Gaide (Pierre), précité.

564. — Tarine, froment............ Le même.

565. — Tarine, froment............ Le même.

566. — Tarine, froment............ Le même.

---

567. — Bordelaise................. M. Mathieu (Jules), à Agen (Lot-et-Garonne).

568. — Bordelaise................. Le même.

569. — Bordelaise................. Le même.

570. — Bordelaise................. Le même.

---

571. — 3 ans 6 m. — Bordelaise, noire. M. Rouillard, précité.

572. — 5 ans. — Bordelaise, noire.... Le même.

573. — 5 ans 3 m. — Bordelaise, noire. Le même.

574. — 6 ans 2 m. — Bordelaise, noire. Le même.

2E CLASSE.

ESPÈCE OVINE.

(Les animaux exposés devront être nés avant le 1er mai 1895.)

1re CATÉGORIE.

Races mérinos et métis mérinos.

Mâles.

(1er prix, **150f**; 2e, **100f**.)

575. — 16 m. — Mérinos............ M. Capgrand-Mothes, à Meylan (Lot-et-Garonne).
576. — 24 m. — Métis mérinos....... M. Roux (Jean-Marie), à Montgaillard (Hautes-Pyrénées).
577. — 43 m. 10 j. — Métis mérinos... M. Moraà (Bernard), à Lalongue (Basses-Pyrénées).

Femelles.

(Lots de 3 brebis.)

(1er prix, **125f**; 2e, **100f**; 3e, **75f**.)

578. — 54 m. — Mérinos............ M. Capgrand-Mothes, précité.

2e CATÉGORIE

Race Lauraguaise.

Mâles.

1re SECTION. — **Animaux de 18 mois au plus.**

(1er prix, **150f**; 2e, **100f**.)

579. — 12 m...................... M. le marquis d'Escouloubre, à Agen (Lot-et-Garonne).
580. — 2 m...................... Le même.
581. — 12 m. 8 j.................. M. Barbet (Pierre), à Odos (Hautes-Pyrénées).
582. — 14 m...................... M. Galinier (Jean), à Montaut (Ariège).

583. — 16 m. . . . . M. Galinier (Jean), à Montaut (Ariège).

584. — 15 m. . . . . M. Carthalié, à Albias (Tarn-et-Garonne).

585. — 16 m. . . . . Le même.

586. — 15 m. . . . . M. Raspaud, à Foix (Ariège).

587. — 17 m. . . . . M. Pujol (Eugène), à Cos (Ariège).

2e SECTION. — **Animaux de plus de 18 mois.**

(1er prix, **150**f; 2e, **100**f.)

588. — 18 m. 15 j. . . . . M. le marquis d'Escouloubre, précité.

589. — 25 m. . . . . M. Raspaud, précité.

590. — 26 m. . . . . M. Galinier (Jean), précité.

591. — 29 m. . . . . M. Pujol (Eugène), précité.

592. — 30 m. 1 j. . . . . M. Tachoires (Louis), à Lavelanet (Haute-Garonne).

593. — 38 m. . . . . M. Carthalié, précité.

Femelles.

(Lots de 3 brebis.)

1re SECTION. — *Animaux de 18 mois au plus.*

(1er prix, **125**f; 2e, **100**f; 3e, **75**f.)

594. — 12 m. . . . . M. le marquis d'Escouloubre, précité.

595. — 12 m. . . . . Le même.

596. — 13 m. . . . . M. Galinier (Jean), précité.

597. — 14 m. . . . . Le même.

598. — 15 m. . . . . M. Raspaud, précité.

599. — 16 m. . . . . M. Carthalié, précité.

600. — 16 m. . . . . Le même.

601. — 17 m. . . . . M. Pujol (Eugène), précité.

2e Sous-Section. — *Animaux de plus de 18 mois.*

(1er prix, **125**; 2e, **100**f; 3e, **75**f.)

602. — 18 m. 15 j. . . . . M. le marquis d'Escouloubre, précité.

603. — 24 m. . . . . M. Fabe (Martin), à Pont-du-Casse (Lot-et-Garonne).

604. — 28 m. . . . . M. Galinier (Jean), précité.

605. — 30 m. . . . . M. Pujol (Eugène), précité.

606. — 31 m. 3 j. . . . . M. Tachoires, précité.

607. — 36 m. . . . . M. Raspaud, précité.

608. — 38 m. . . . . M. Carthalié, précité.

3e CATÉGORIE.

Race des Causses du Lot.

Mâles.

1re SECTION. — **Animaux de 18 mois au plus.**

(1er prix, **150f**; 2e, **100f**.)

608 *bis.* — 14 m. . . . . M. Simonet (Jacques), à Meyrignac (Lot).
609. — 14 m. 15 j. . . . . M. Breuil (Théodore), à Ligneyrac (Corrèze).
610. — 14 m. 20 j. . . . . Le même.
611. — 14 m. 15 j. . . . . M. Vitrac, à Gramat (Lot).
612. — 15 m. . . . . Le même.
613. — 15 m. . . . . MM. Brel et Delfour, à Alvignac (Lot).
614. — 15 m. 8 j. . . . . Les mêmes.

2e SECTION. — **Animaux de plus de 18 mois.**

(1er prix, **150f**; 2e, **100f**.)

615. — 18 m. 20 j. . . . . M. Breuil (Théodore), précité.
616. — 24 m. . . . . Le même.
617. — 27 m. 5 j. . . . . M. Vitrac, précité.
618. — 28 m. . . . . MM. Brel et Delfour, précités.

Femelles.

(Lots de 3 brebis.)

1re SECTION. — **Animaux de 18 mois au plus.**

(1er prix, **125f**; 2e, **100f**; 3e, **75f**.)

619. — 12 m. . . . . MM. Brel et Delfour, précités.
620. — 13 m. . . . . Les mêmes.
621. — 14 m. 14 j. . . . . M. Breuil (Théodore), précité.
622. — 14 m. 15 j. . . . . M. Lavergne (Antoine), à Alvignac (Lot).
623. — 14 m. 15 j. . . . . M. Vitrac, précité.
624. — 15 m. . . . . Le même.

2e SECTION. — **Animaux de plus de 18 mois.**

(1er prix, **125f**; 2e **100f**; 3e **75f**.)

625. — 18 m. 25 j. . . . . M. Breuil (Théodore), précité.
626. — 20 m. 14 j. . . . . M. Castang (Théodore), à Agen (Lot-et-Garonne.)

627. — 24 m. . . . . M. Fabe (Martin), précité.

628. — 26 m. 15 j. . . . . MM. Brel et Delfour, précités.

629. — 27 m. 15 j. . . . . M, Vitrac, précité.

630. — 38 m. 20 j. . . . . M. Lavergne (Antoine), précité.

4e CATÉGORIE.

Races pyrénéennes.

Mâles.

(1er prix, **150f**; 2e, **100f**.)

631. — 15 m. . . . . M. Pujol (Eugène), précité.

632. — 18 m. . . . . M. Barrère (J.-P.), à Odos (Hautes-Pyrénées).

633. — 18 m. . . . . M. Joly (Jacques), à Fontrailles (Hautes-Pyrénées).

634. — 25 m. . . . . M. Raspaud, précité.

635. — 27 m. 5 j. . . . . M. Moraà (Bernard), précité.

Femelles.

(Lots de 3 brebis.)

(1er prix, **125f**; 2e, **100f**; 3e, **75f**.)

636. — 15 m. . . . . M. Pujol (Eugène), précité.

637. — 16 m. . . . . M. Raspaud, précitét

638. — 26 m. . . . . M. Galinier (Jean), précité.

639. — 26 m. . . . . M. Barrère (J.-P.), précité.

640. — 36 m. . . . . M. Roux (J.-M.), précité.

5e CATÉGORIE.

Races françaises diverses pures non comprises dans les catégories précédentes.

Mâles.

(1er prix, **150f**; 2e, **100f**.)

641. — 13 m. 4 j. — Gascon. . . . . M. Valin (Joseph), à Coulounieix (Dordogne).

642. — 18 m. . . . . M. Barrère (J.-P.), précité.

643. — 18 m. — Charmois.......... Mme DEPLANCHE (Eugène), à Fléac (Charente).

644. — 18 m. 25 j. — Aveyronnais..... M. BREUIL (Théodore), précité.

645. — 36 m..................... M. ROUX (J.-M.), précité.

Femelles.

(Lots de 3 brebis.)

(1er prix, **125f**; 2e, **100f**.)

646. — 15 m. — Gasconnes.......... M. DE TRENQUELLÈDE, à Agen (Lot-et-Garonne).

647. — 26 m. — Gasconnes......... Le même.

648. — 27 m. — Gasconnes.......... Le même.

649. — 20 m. — Gasconnes.......... M. LUSSAGNET (H.), à Cuq (Lot-et-Garonne).

650. — 24 m. — Charmoises......... Mme DEPLANCHE (Eugène), précité.

651. — 36 m..................... M. ROUX (J.-M.), précité.

6e CATÉGORIE.

Races étrangères diverses pures.

Mâles.

(1er prix, **150f**; 2e **100f**.)

652. — 12 m..................... M. FEUILLERADE, au Passage-d'Agen (Lot-et-Garonne).

653. — 14 m. — Southdown.......... M. CASTANG (Théodore), précité.

654. — 18 m. — Dishley............ M. MEUNIER (Léopold), à Saint-Saturnin (Charente).

655. — 22 m. 10 j.................. M. MARTINET (Pierre), à Monflanquin (Lot-et-Garonne).

656. — 24 m. — Dishley............ Mme DEPLANCHE (Eugène), précitée.

657. — 25 m. — Southdown......... M. BARLANGUE (Léon), à Villeneuve-sur-Lot (Lot-et-Garonne).

658. — 25 m. 20 j. — Southdown..... M. le marquis DE PINS, à Montbrun (Gers).

659. — 49 m. 25 j. — Southdown...... Le même.

660. ..... — Southdown........... M. ROZIER, à Lannes (Lot-et-Garonne).

Femelles.

(Lots de 3 brebis.)

(1er prix, **125f**; 2e, **100f**; 3e, **75f**.)

661. — 12 m..................... M. FEUILLERADE, précité.

662. — 18 m. — Dishley............ Mme DEPLANCHE (Eugène), précitée.

663. — 18 m. 10 j. .... M. Martinet (Pierre), précité.
664. — 24 m. — Dishley .... M. Meunier (Léopold), précité.
665. — 48 m. — Southdown .... M. le marquis de Pins, précité.

7e CATÉGORIE.

Croisements divers.

Femelles.

(Lots de 3 brebis.)

(1er prix, **125f**; 2e, **100f**; 3e, **75f**.)

666. — 12 m. .... M. Feuillerade, précité.
667. — 16 m. 20 j. — Southdown-croisées. M. Castang (Théodore), précité.
668. — 18 m. — Lourdaises-Southdown. M. Barrère (Jean-Marie), à Odos (Hautes-Pyrénées).
669. — 18 m. — Dishley-Champenois... Mme Deplanche (Eugène), précitée.
670. — 18 m. 25 j. — Aveyronnaises-Causses du Lot. M. Breuil (Théodore), précité.
671. — 22 m. — Gasconnes-croisées.... M. Lussagnet (H.), précité.
672. — 28 m. — Southdown-Pyrénéennes. M. Barrère (J.-P.), précité.
673. — 30 m. — Gasconnes-Lauraguaises. M. Carthalié, précité.
674. — 36 m. .... M. Roux (Jean-Marie), précité.

3e CLASSE.

ESPÈCE PORCINE.

(Les animaux exposés doivent être nés avant le 1er novembre 1895.)

1re CATÉGORIE.

Races indigènes pures ou croisées entre elles.

(Tous les animaux exposés dans cette catégorie qui présenteront des indices certains de croisement avec les races anglaises seront mis hors concours par le jury.)

1re SECTION. — Mâles.

1re Sous-Section. — *Animaux présentés par des agriculteurs exploitant 30 hectares et au-dessus.*

(1er prix, **150f**; 2e, **125f**; 3e, **100f**.)

675. — 6 m. 15 j. — Craonnais........ M. Fournier de Saint-Amant, à Montflanquin (Lot-et-Garonne).

676. — 7 m. 3 j. .... M. Rességuet (Jean-Marie), à Puydarrieux (Hautes-Pyrénées).

677. — 13 m. 2 j. .... Le même.

678. — 9 m. — Limousin. .... M. Bordas, à Coussac-Bonneval (Haute-Vienne).

679. — 10 m. — Craonnais. .... M. Decker-David, à Auch (Gers).

680. — 10 m. — Craonnais. .... M. Pouts (Lucien), à Saint-Vincent (Basses-Pyrénées).

680 *bis*. — 10 m. 2 j. .... M. Loncan, à Bernac-Debat (Hautes-Pyrénées).

680 *ter*. — 10 m. 15 j. .... Le même.

681. — 11 m. — Limousin. .... M. Bovicomte (Gabriel), à Saint-Yrieix (Haute-Vienne).

682. — 14 m. 6 j. — Limousin. .... M. Deschamps (Henry), à Ségur (Corrèze).

2e Sous-Section. — *Animaux présentés par des petits cultivateurs propriétaires, métayers ou fermiers, exploitant moins de 30 hectares.*

(1er prix, **150f**; 2e, **125f**; 3e, **100f**.)

683. — 6 m. .... M. Villeneuve (Charles), à Pouzac (Hautes-Pyrénées).

684. — 6 m. 25 j. .... M. Goumard-Sicaire, à Mazières (Charente).

685. — 7 m. 15 j. — Périgourdin, Aubrai. M. Adolphe (H.), à Montpellier (Hérault).

686. — 8 m. .... M. Barrère (Jean-Marie), à Odos (Hautes-Pyrénées).

687. — 8 m. 7 j. .... M. Pagèze (Pierre), à Veille-Adour (Hautes-Pyrénées).

688. — 9 m. .... M. Joly (Jacques), à Fontrailles (Hautes-Pyrénées).

689. — 10 m. 7 j. .... M. Védère (Jean), à Momères (Hautes-Pyrénées).

690. — 10 m. 13 j. .... M. Devic (Pierre), à Montpellier (Hérault).

691. — 14 m. — Limousin .... M. Guilhaumaud d'Arfeuille, à Coussac (Haute-Vienne).

692. — 15 m. .... Mme Arassus (Marie), à Bernac-Debat (Hautes-Pyrénées).

693. — 23 m. 10 j. — Limousin. ...... M. Pauzet (Pierre), à Saint-Yrieix (Haute-Vienne).

2e SECTION. — **Femelles.**

1re Sous-Section. — *Animaux présentés par des agriculteurs exploitant 30 hectares et au-dessus.*

(1er prix, **150f**; 2e, **125f**; 3e, **100f**.)

694. — 9 m. .... M. Faulong (Laurent), à Puydarrieux (Hautes-Pyrénées).

695. — 9 m. — Craonnaise........... M. DECKER-DAVID, précité.
696. — 10 m. — Craonnaise.......... Le même.
697. — 10 m. — Craonnaise.......... Le même.
698. — 9 m. — Craonnaise........... M. POUTS (Lucien), précité.
699. — 9 m. 15 j. — Craonnaise....... M. ESCALOT (Jean), à Agen (Lot-et-Garonne).
700. — 10 m. Limousine, blanche et noire. M. BORDAS, précité.
701. — 12 m. Limousine, blanche et noire. Le même.
702. — 24 m. Limousine, blanche et noire. Le même.
703. — 10 m. 15 j. — Craonnaise..... M. TACHOIRES, à Lavelanet (Haute-Garonne).
703 *bis*. — 10 m. 21 j................ M. LONCAN, précité.
704. — 11 m. — Limousin.......... M. BOVICOMTE (Gabriel), précité.
705. — 21 m. — Limousine.......... Le même.
706. — 32 m. — Limousine......... Le même.
707. — 15 m. 5 j. — Limousine....... M. DESCHAMPS (Henri), précité.
708. — 24 m. — Craonnaise......... M. FOURNIER DE SAINT-AMANT, précité.
709. — 40 m...................... M. MEUNIER (Léopold), à Saint-Saturnin, (Charente).

2ᵉ SOUS-SECTION. — *Animaux présentés par des petits cultivateurs propriétaires, métayers ou fermiers, exploitant moins de 30 hectares.*

(1ᵉʳ prix, **150ᶠ**; 2ᵉ, **125ᶠ**; 3ᵉ, **100ᶠ**.)

710. — 7 m. 25 j. — Périgourdine-Aubrai. M. ADOLPHE (H.), précité.
711. — 8 m....................... M. BARRÈRE (Jean-Marie), précité.
712. — 8 m. 28 j.................. M. PAGÈZE (Pierre), précité.
713. — 9 m....................... M. BARRÈRE (Jean-Pierre), à Odos (Hautes-Pyrénées).
714. — 9 m....................... M. JOLY (Jacques), précité.
715. — 11 m. — Augeronne.......... Mᵐᵉ ZUBLÉNA, à Montpellier (Hérault).
716. — 12 m...................... M. GOUMARD-SICAIRE, précité.
717. — 14 m. — Limousine.......... M. GUILHAUMAUD D'ARFEUILLE, précité.
718. — 14 m. 2 j.................. Mᵐᵉ ARASSUS (Marie), précitée.
719. — 14 m. 25 j................. M. DEVIC (Pierre), précité.
720. — 15 m...................... Mᵐᵉ DEPLANCHE (Eugénie), à Fléac (Charente).
721. — 15 m. 12 j. — Limousine, Périgourdine. M. PAUZET (Pierre), précité.
722. — 16 m. 2 j.................. M. VÉDÈRE (Jean), précité.
723. — 22 m. 20 j. — Limousine..... M. PAUZET (Pierre), précité.
724. — 3 ans 10 m. 15 j. — Limousine. Le même.

2ᵉ CATÉGORIE.

Races étrangères pures ou croisées entre elles.

1ʳᵉ SECTION. — Mâles.

1ʳᵉ Sous-Section. — *Animaux présentés par des agriculteurs exploitant 30 hectares et au-dessus.*

(1ᵉʳ prix, **150ᶠ**; 2ᵉ, **125ᶠ**; 3ᵉ **100ᶠ**.)

725. — 7 m. — Yorkshire.............. M. Fournier de Saint-Amant, précité.
726. — 7 m. 5 j.................... M. Rességuet (Jean-Marie), précité.
727. — 8 m. — Yorkshire............. M. Decker-David, précité.
727 *bis*. — 12 m. 2 j. — Yorkshire..... M. Loncan, précité.
728. — 18 m. 5 j. — Yorkshire........ M. Tachoires, précité.
729. — 30 m. — Yorkshire............ M. de Lis-Leferme, à Masquières (Lot-et-Garonne).

2ᵉ Sous-Section. — *Animaux présentés par des petits cultivateurs propriétaires, métayers ou fermiers, exploitant moins de 30 hectares.*

(1ᵉʳ prix, **150ᶠ**; 2ᵉ, **125ᶠ**; 3ᵉ, **100ᶠ**.)

730. — 9 m........................ M. Joly (Jacques), précité.
731. — 10 m. 3 j. — Yorkshire........ M. Védère (Jean), précité.
732. — 10 m. 8 j. — Yorkshire....... M. Adolphe (H.), précité.
733. — 10 m. 8 j. — Yorkshire........ M. Devic (Pierre), précité.
734. — 11 m. 8 j. — Yorkshire........ M. Ruaud, à Limoges (Haute-Vienne),
735. — 15 m. — Yorkshire............ M. Touge (Antoine), à Beaumont (Tarn-et-Garonne).

2ᵉ SECTION. — Femelles.

1ʳᵉ Sous-Section. — *Animaux présentés par des agriculteurs exploitant 30 hectares et au-dessus.*

(1ᵉʳ prix, **150ᶠ**; 2ᵉ, **125ᶠ**; 3ᵉ, **100ᶠ**.)

736. — 7 m. 5 j.................... M. Rességuet (Jean-Marie), précité.
737. — 7 m. 5 j.................... Le même.
738. — 15 m. 7 j................... Le même.
739. — 9 m. — Yorkshire............ M. Decker-David, précité.
739 *bis*. — 10 m. 6 j. — Yorkshire.... M. Loncan, précité.
740. — 16 m. 25 j. — Yorkshire....... M. Tachoires, précité.

741. — 17 m. — Yorkshire.......... M. DE LIS-LEFERME, précité.
742. — 36 m. — Yorkshire........... Le même.
743. — 38 m. — Yorkshire........... Le même.
744. — 24 m. — Yorkshire........... M. FOURNIER DE SAINT-AMANT, précité.
745. — 25 m. 15 j. — Yorkshire....... Le même.
746. — 26 m. — Yorkshire........... Le même.

2e SOUS-SECTION. — *Animaux présentés par des petits cultivateurs propriétaires, métayers ou fermiers, exploitant moins de 30 hectares.*

(1er prix, **150f**; 2e, **125f**; 3e, **100f**.)

747. — 10 m...................... M. JOLY (Jacques), précité.
748. — 10 m. 6 j. — Yorkshire........ M. DEVIC (Pierre), précité.
749. — 10 m. 20 j. — Yorkshire....... M. ADOLPHE (H.), précité.
750. — 14 m. — Yorkshire-Wenlerbonnaise...................... Mme ZUBLÉNA, précitée.
751. — 14 m. 17 j. — Yorkshire....... M. VÉDÈRE (Jean), précité.
752. — 22 m. 5 j. — Yorkshire........ M. RUAUD, précité.

3e CATÉGORIE.

Croisements divers entre races étrangères et races françaises.

1re SECTION. — **Mâles.**

1re SOUS-SECTION. — *Animaux présentés par des agriculteurs exploitant 30 hectares et au-dessus.*

(1er prix, **150f**; 2e, **125f**; 3e, **100f**.)

753. — 7 m. — Yorkshire-craonnais.... M. DE LIS-LEFERME, précité.
754. — 14 m. — Yorkshire-craonnais... Le même.
755. — 9 m. 4 j.................... M. RESSÉGUET (Jean-Marie), précité.
755 *bis*. — 11 m. 2 j,............... M. LONCAN, précité.
756. — 12 m. — Berkshire croisé...... M. DECKER-DAVID, précité.
757. — 12 m. 1 j. — Anglo-limousin... M. LIMOUSIN, à Neuvic (Haute-Vienne).

2e SOUS-SECTION. — *Animaux présentés par des petits cultivateurs propriétaires, métayers ou fermiers exploitant moins de 30 hectares.*

(1er prix, **150f**; 2e, **125f**; 3e, **100f**.)

758. — 7 m...................... M. BARRÈRE (Jean-Marie), précité.
759. — 8 m...................... M. MÉDOUS (Étienne), à Laloubère (Hautes-Pyrénées).

760. — 8 m. 21 j. — Yorkshire-gascon . . M. Védère (Jean), précité.
761. — 9 m. . . . . M. Barrère (J.-P.), précité.
762. — 9 m. . . . . M. Minvielle, à Séméac (Hautes-Pyrénées).
763. — 10 m. — Yorkshire-périgourdin. M. Adolphe (H.), précité.
764. — 10 m. . . . . M. Joly (Jacques), précité.
765. — 11 m. — Yorkshire-Augeron. . . . Mme Zublena, précitée.
766. — 11 m. 5 j. — Yorkshire. . . . . . . M. Devic (Pierre), précité.
767. — 15 m. . . . . M. Goumard-Sicaire, précité.

2e SECTION. — Femelles.

1re Sous-Section. — *Animaux présentés par des agriculteurs exploitant 30 hectares et au-dessus.*

(1er prix, **150f**; 2e, **125f**; 3e, **100f**.)

768. — 6 m. — Yorkshire-craonnaise. . . M. Fournier de Saint-Amant, précité.
769. — 6 m. — Yorkshire-craonnaise. . . Le même.
770. — 6 m. 5 j. . . . . M. Faulong (Laurent), précité.
771. — 7 m. 8 j. . . . . M. Rességuet (Jean-Marie), précité.
772. — 10 m. . . . . M. Pouts (Lucien), précité.
773. — 11 m. — Berkshire croisée. . . . . M. Decker-David, précité.
773 *bis.* — 12 m. 2 j. . . . . M. Loncan, précité.
774. — 13 m. 10 j. — Anglo-limousine. . M. Limousin, précité.
775. — 35 m. — Anglo-limousine. . . . . . Le même.
776. — 14 m. 3 j. — Yorkshire-craonnaise. M. Tachoires, précité.
777. — 17 m. — Yorkshire-craonnnaise. M. de Lis-Leferme, précité.
778. — 38 m. — Yorkshire-craonnaise. . Le même.
779. — 48 m. — Yorkshire-craonnaise. . Le même.

2e Sous-Section. — *Animaux présentés par des petits cultivateurs propriétaires, métayers ou fermiers, exploitant moins de 30 hectares.*

(1er prix, **150f**; 2e, **125f**; 3e, **100f**.)

780. — 8 m. 5 j. — Yorkshire-gasconne. M. Védère (Jean), précité.
781. — 9 m. . . . . M. Barrère (Jean-Marie), précité.
782. — 10 m. . . . . M. Joly (Jacques), précité.
783. — 10 m. . . . . M. Barrère (Jean-Pierre), précité.
784. — 10 m. 3 j. . . . . Mme Arassus (Marie), précitée.
785. — 11 m. 2 j. . . . . La même.
786. — 10 m. 20 j. — Limousine-yorkshire. M. Mapataud, à Limoges (Haute-Vienne).

787. — 10 m. 25 j. — Yorkshire-périgourdine	M. ADOLPHE (H.), précité.
	Mme ZUBLÉNA, précitée.
788. — 10 m. 26 j. — Yorkshire-augeronne	La même.
789. — 10 m. 26 j. — Yorkshire-augeronne	La même.
790. — 12 m. — Yorkshire-augeronne.	La même.
791. — 13 m. 25 j. — Yorkshire-augeronne	La même.
792. — 15 m. — Yorkshire-augeronne.	
793. — 15 m. — Yorkshire-augeronne.	La même.
794. — 10 m. 28 j. — Yorkshire-craonnaise	M. DEVIC (Pierre), précité.
795. — 11 m. — Yorkshire-craonnaise.	Mme DEPLANCHE (Eugénie), précitée.
796. — 14 m.	M. GOUMARD-SICAIRE, précité.
797. — 28 m. 6 j.	M. MINVIELLE, précité.

4e CLASSE.

ANIMAUX DE BASSE-COUR.

(Chacun des lots de coqs et poules comprendra un mâle et au moins deux femelles. Pour les autres espèces, les lots sont composés d'un mâle et d'une femelle.)

1re CATÉGORIE.

Aviculteurs de profession et éleveurs amateurs.

1re SECTION. — Coqs et poules.

1re SOUS-SECTION. — *Race de Caussade.*

(1er prix, **une médaille d'argent**; 2e, **une médaille de bronze**; 3e, **une médaille de bronze.**)

Pas d'animaux présentés.

2e SOUS-SECTION. — *Race de Barbezieux.*

(1er prix, **une médaille d'argent**; 2e, **une médaille de bronze**; 3e, **une médaille de bronze.**)

798. — 1 lot	M. le comte DE LAIMBECQ, à Lormont (Gironde).

3ᵉ Sous-Section. — *Races françaises diverses.*

(1er prix, **une médaille d'argent**; 2ᵉ, **une médaille de bronze**; 3ᵉ, **une médaille de bronze.**)

709. — 1 lot de la Bresse............ M. le comte de Lainsecq, précité.
800. — 1 lot Crèvecœur.............. Le même.
801. — 1 lot Courtepattes............ Le même.
802. — 1 lot Faverolles............. Le même.
803. — 1 lot de la Flèche............ Le même.
804. — 1 lot de Houdan............. Le même.
805. — 1 lot de Crèvecœur........... Mlle Marseille, à Agen (Lot-et-Garonne).

4ᵉ Sous-Section. — *Race Brahmapoutra.*

(1er prix, **une médaille d'argent**; 2ᵉ, **une médaille de bronze**; 3ᵉ, **une médaille de bronze.**)

806. — 1 lot Herminé................ M. le comte de Lainsecq, précité.
807. — 1 lot Inverse................. Le même.

5ᵉ Sous-Section. — *Race de Langsham.*

(1er prix, **une médaille d'argent**; 2ᵉ, **une médaille de bronze**; 3ᵉ, **une médaille de bronze.**)

808. — 1 lot...................... M. le comte de Lainsecq, précité.

6ᵉ Sous-Section. — *Races espagnole et andalouse.*

(1er prix, **une médaille d'argent**; 2ᵉ, **une médaille de bronze**; 3ᵉ, **une médaille de bronze.**)

809. — 1 lot Andalous............... M. le comte de Lainsecq, précité.
810. — 1 lot Espagnol............... Le même.

7ᵉ Sous-Section. — *Races étrangères diverses.*

(1er prix, **une médaille d'argent**; 2ᵉ, **une médaille de bronze**; 3ᵉ, **une médaille de bronze.**)

811. — 1 lot Cochin, fauve.......... M. le comte de Lainsecq, précité.
812. — 1 lot Cochin, perdrix......... Le même.
813. — 1 lot Dorking................ Le même.
814. — 1 lot Indien................. Le même.
815. — 1 lot Plymouth-Rock.......... Le même.

816. — 1 lot de Padoue, argenté....... M. le comte DE LAINSECQ, précité.
817. — 1 lot de Padoue, doré........ Le même.
818. — 1 lot Frisé du Chili.......... Le même.
819. — 1 lot Padoue hollandais....... Le même.
820. — 1 lot Bantam, argenté........ Le même.
821. — 1 lot Bantam, doré.......... Le même.
822. — 1 lot Combattants-Nains, argenté.................... Le même.
823. — 2 lot Combattants-Nains, pile... Le même.
824. — 1 lot Nangasaki............. Le même.
825. — 1 lot Nègre-Soie............. Le même.

2e SECTION. — **Dindons.**

(1er prix, **une médaille d'argent**; 2e prix, **une médaille de bronze**; 3e prix, **une médaille de bronze.**)

826. — 1 lot, noir................. M. le comte de LAINSECQ, précité.
827. — 1 lot, blanc................ Le même.

3e SECTION. — **Oies.**

1re SOUS-SECTION. — *Oies de Toulouse.*

(1er prix, **une médaille d'argent**; 2e prix, **une médaille de bronze**; 3e prix, **une médaille de bronze.**)

828. — 1 lot....................... M. le comte DE LAINSECQ, précité.

2e SOUS-SECTION. — *Oies de races diverses.*

(1er prix, **une médaille d'argent**; 2e prix, **une médaille de bronze**; 3e prix, **une médaille de bronze.**)

Pas d'animaux présentés.

4e SECTION. — **Canards.**

1re SOUS-SECTION. — *Canards de Rouen.*

(1er prix, **une médaille d'argent**; 2e prix, **une médaille de bronze**; 3e prix, **une médaille de bronze.**)

Pas d'animaux présentés.

2ᵉ Sous-Section. — *Canards de races diverses.*

(1ᵉʳ prix, **une médaille d'argent;** 2ᵉ prix, **une médaille de bronze;**
3ᵉ prix, **une médaille de bronze.**)

Pas d'animaux présentés.

5ᵉ SECTION. — **Pintades.**

(1ᵉʳ prix, **une médaille d'argent;** 2ᵉ prix, **une médaille de bronze;**
3ᵉ prix, **une médaille de bronze.**)

829. — 1 lot, Pintades blanches...... M. le comte de Lainsecq, précité.
830. — 1 lot, Pintades lilas.......... Le même.
831. — 1 lot, Pintades tachetées...... Mˡˡᵉ Marseille, précitée.

6ᵉ SECTION. — **Pigeons.**

(1ᵉʳ prix, **une médaille d'argent;** 2ᵉ prix, **une médaille de bronze;**
3ᵉ prix, **une médaille de bronze.**)

832. — Pigeons Montauban, blancs.... M. Grèze (Joseph), à Golfech (Tarn-et-Garonne).
833. — Pigeons Montauban, noirs..... Le même.
834. — Pigeons Montauban, rouges.... Le même.
835. — Pigeons Montauban, fumés..... Le même.
836. — Pigeons Montauban, faïencés... Le même.
837. — Pigeons Romains............ Le même.
838. — Pigeons voyageurs.......... M. le comte de Lainsecq, précité.
839. — Pigeons Romains, bleus....... Le même.
840. — Pigeons Romains, rouges...... Le même.
841. — Pigeons Boulants, anglais...... Le même.
842. — Pigeons Milanais, frisés....... Le même.
843. — Pigeons Capucins, noirs....... Le même.
844. — Pigeons Capucins, blancs...... Le même.
845. — Pigeons Bouvreuils.......... Le même.
846. — Pigeons Poules............. Le même.
847. — Pigeons Hollandais.......... Le même.
848. — Pigeons Queue de paon....... Le même.
849. — Pigeons Nègres à crinière...... Le même.
850. — Pigeons................. Mˡˡᵉ Marseille, précitée.

7e SECTION. — Lapins.

(1er prix, **une médaille d'argent** 2e prix, **une médaille de bronze;** 3e prix, **une médaille de bronze.**)

851. — Lapin géant, des Flandres, mâle.	M. le comte DE LAINSECQ, précité.
852. — Lapin géant, des Flandres, femelle.	Le même.
853. — Lapin argenté, de Champagne, mâle.	Le même.
854. — Lapin argenté, de Champagne, femelle.	Le même.
855. — Lapin russe, mâle............	Le même.
856. — Lapin russe, femelle..........	Le même.
857. — Lapin angora, blanc, mâle.....	Le même.
858. — Lapin angora, blanc, femelle...	Le même.

2e CATÉGORIE.

Agriculteurs exploitant 30 hectares et au-dessus.

Coqs et poules, dindons, oies, canards, pintades, pigeons et lapins.

(10 médailles d'argent et 15 médailles de bronze sont mises à la disposition du jury pour être décernées aux meilleurs lots d'animaux présentés.)

859. — 1 lot, cops et poules de Caussade.	M. BONNAL (Antoine), à Saint-Nazaire (Tarn-et-Garonne).
860. — 1 lot, coqs et poules Gascons...	M. DALLAS (Édouard), à Séméac (Hautes-Pyrénées).
861. — 1 lot, cops et poules Gascons...	M. DORGANS (François), à Séméac (Hautes-Pyrénées).
862. — 1 lot, coqs et poules Goscons...	M. DAFFARGUE (Jean), à Montesquieu (Lot-et-Garonne).
863. — 1 lot, coqs et poules de Caussade.	M. LUSSAGNET (H.), à Cuq (Lot-et-Garonne).
864. — 1 lot, coqs et poules de Langshan.	M. le comte DE MOLINIER, à Palau-del-Vidre (Pyrénées-Orientales).
865. — 1 lot, coq et poules, gris cendré.	M. ROZIER, à Lannes (Lot-et-Garonne).
866. — 1 lot, csqs et poules, jaune.....	Le même.
867. — 1 lot, pintades grises.........	M. BUSSAGNET (H.), précité.
868. — 1 lot, canards de Rouen.......	Le même.
869. — 1 lot de canards dits Mularets...	Le même.
870. — 1 lot de pigeons belges........	M. BOVICOMTE (Gabriel), à Saint-Yrieix (Haute-Vienne).

871. — 1 lot de pigeons pattus à coquilles. — M. Lussagnet (H.).

872. — 1 lot de pigeons pattus à coquilles. — Le même.

3e CATÉGORIE.

Petits cultivateurs propriétaires, métayers ou fermiers, exploitant moins de 30 hectares.

Coqs et poules, dindons, oies, canards, pintades, pigeons et lapins.

(Une somme de 200 francs, 10 médailles d'argent et 15 médailles de bronze sont mises à la disposition du jury pour être décernées aux meilleurs lots d'animaux présentés.)

873. — 1 lot, coq et poules gascons . . . . — Mme Basset (Marie), à Bon-Encontre (Lot-et-Garonne).

874. — 1 lot, coq et poules, de Caussade. — M. Durade (Jacques), à Montauban (Tarn-et-Garonne).

875. — 1 lot, coq et poules noirs. . . . . . — Le même.

876. — 1 lot, coq et poules blancs . . . . — Le même.

877. — 1 lot, coq et poules gris. . . . . . — Le même.

878. — 1 lot, coq et poules de Cochinchine. — Le même.

879. — 1 lot, coq et poules de Cochinchine, fauves. — Le même.

880. — 1 lot, coq et poules de race naine. — Le même.

881. — 1 lot, coq et poules de race naine, blancs. — Le même.

882. — 1 lot, coq et poules. . . . . — M. Faurou (Jean), à Vazerac (Tarn-et-Garonne).

883. — 1 lot, coq et poules . . . . — Le même.

884. — 1 lot, coq et poules de Caussade. — M. Lafourcade, à Tarbes (Hautes-Pyrénées).

885. — 1 lot, coq et poules de la Bresse. . — Le même.

886. — 1 lot, coq et poules de la Flèche. . — Le même.

887. — 1 lot, coqs et poules de Houdan. . — Le même.

888. — 1 lot, coq et poules de Brahmapoutra. — Le même.

889. — 1 lot, coq et poules de Langshan. — Le même.

890. — 1 lot, coq et poules de Padoue, doré. — Le même.

891. — 1 lot, coq et poules de Padoue, argenté.	M. LAFOURCADE, à Tarbes (Hautes-Pyrénées).
892. — 1 lot, coq et poules de Padoue.	Le même.
893. — 1 lot, coq et poules de Campine..	Le même.
894. — 1 lot, coq et poules cochinchinois, fauves.	Le même.
895. — 1 lot, coq et poules Red-Cap...	Le même.
896. — 1 lot, coq et poules Léghorn d'Amérique.	Le même.
897. — 1 lot, coq et poules gascons...	Mme LASSERRE (Félicie), à Port-Sainte-Marie (Lot-et-Garonne).
898. — 1 lot, coq et poules gascons....	M. MAILHES (Auguste), à Momères (Hautes-Pyrénées).
899. — 1 lot, coqs et poules de la Flèche..	Le même.
900. — 1 lot, coq et poules de Houdan..	Le même.
901. — 1 lot, cou et poules de Padoue, doré.	Le même.
902. — 1 lot, coq et poules de Padoue, argenté.	Le même.
903. — 1 lot, coqs et poules cochinchinois.	Le même.
904. — 1 lot, coq et poules de Caussade..	M. MICHOU (Jean-Marie), à Laloubère (Hautes-Pyrénées).
905. — 1 lot, coq et poules gascons....	M, MINVIELLE (Louis), à Sénéac (Hautes-Pyrénées).
906. — 1 lot, coq et poules..........	M. MOTHES (Jean), à Bajamont (Lot-et-Garonne).
907. — 1 lot, coq et poules..........	Le même.
908. — 1 lot, coq et poules Langshan..	M. RÉBEILLÉ (Léopol), à Palau-del-Vidre (Pyrénées-Orientales).
909. — 1 lot, coq et poules de Caussade.	M. RICHARD (Pierre), à Saint-Nazaire (Tarn-et-Garonne).
910. — 1 lot, coq et poules...........	M. RUAUD, à Limoges (Haute-Vienne).
911. — 1 lot, coq et poules,..........	Le même.
912. — 1 lot, coq et poules..........	Le même.
913. — 1 lot, coq et poules gascons....	M. VÉDÈRE (Jean), à Momères (Hautes-Pyrénées).
914. — 1 lot, dindons noirs..........	M. DURADE (Jacques), précité.
915. — 1 lot, pintades grises.........	Le même.
916. — 1 lot, pintades grises.........	M. FAUROU (Jean), précité.
917. — 1 lot, dindons noirs..........	M. LAFOURCADE, précité.
918. — 1 lot, dindons chamois........	Le même.
919. — 1 lot, pintades grises.........	Le même.
920. — 1 lot, pintades blanches.......	Le même.
921. — 1 lot, dindons noirs..........	M. MAILHES (Auguste), précité.

922. — 1 lot, pintades grises.......... M. MAILHES (Auguste), précité.
923. — 1 lot, dindons noirs.......... M. MOTHES (Jean), précité.
924. — 1 lot, pintades.............. Le même.
925. — 1 lot, pintades grises......... M. RÉBEILLÉ (Léopold), précité.
926. — 1 lot, oies de Toulouse....... M. DURADE (Jacques), précité.
927. — 1 lot, oies de Toulouse........ M. LAFOURCADE.
928. — 1 lot, oies de Siam........... Le même.
929. — 1 lot, oies grises............. M. MAILHES (Auguste), précité.
930. — 1 lot, oies de Toulouse........ M. MOTHES (Jean), précité.
931. — 1 lot, oies de Toulouse........ M. RUAUD, précité.
932. — 1 lot, canards de Rouen....... M. ASTUGUEVIELLE, à MOMÈRES (Hautes-Pyrénées).
933. — 1 lot, canards de Rouen....... M. DURADE (Jacques), précité.
934. — 1 lot, canards de Pékin........ Le même.
935. — 1 lot, canards de Rouen....... M. FAUROU (Jean), précité.
936. — 1 lot, canards d'Aylesbury..... Le même.
937. — 1 lot, canards de Rouen....... M. LAFOURCADE, précité.
938. — 1 lot, canards de Rouen....... M. MAILHES (Auguste), précité.
939. — 1 lot, canards de Barbarie..... Le même.
940. — 1 lot, canards............... M. MOTHES (Jean), précité.
941. — 1 lot, canards de Pékin-Aylesbury, M. RICHARD (Pierre), précité.
942. — 1 lot, canards de Rouen....... M. RUAUD, précité.
943. — 1 lot, pigeons capucins........ M. LAFOURCADE, précité.
944. — 1 lot, pigeons romains, fauves.. Le même.
945. — 1 lot, pigeons milanais, frisés... Le même.
946. — 1 lot, pigeons romains, bleus... Le même.
947. — 1 lot, pigeons communs....... M. MAILHES (Auguste).
948. — 1 lot, pigeons romains, fauves.. Le même.
949. — 1 lot, pigeons de Montauban.... Le même.
950. — Lapin géant, mâle............ M. DURADE (Jacques), précité.
951. — Lapin géant, femelle.......... Le même.
952. — Lapin lièvre, mâle............ Le même.
953. — Lapin lièvre, femelle.......... Le même.
954. — Lapin angora, mâle........... Le même.
955. — Lapin angora femelle.......... Le même.
956. — Lapin commun, mâle.......... Le même.
957. — Lapin commun, femelle........ Le même.
958. — Lapin commun, blanc, mâle... Le même.
959. — Lapin commun, blanc, femelle.. Le même.
960. — Lapin russe, mâle............ Le même.
961. — Lapin russe, femelle.......... M. DURADE (Jacques), précité.
962. — Léporide mâle............... M. FAUROU (Jean), précité.
963. — Léporide femelle............. Le même.

964. — Lapin géant de Flandre, mâle..	M. Lafourcade, précité.
965. — Lapin géant de Flandre, femelle..	Le même.
966. — Lapin argenté de Champagne, mâle.	Le même.
967. — Lapin argenté de Champagne, femelle.	La même.
968. — Lapin géant de Flandre, mâle..	M. Mailhes (Auguste), précité.
969. — Lapin géant de Flandre, femelle..	Le même.
970. — Lapin commun, mâle.........	Le même.
971. — Lapin commun, femelle.......	Le même.
972. — Lapin mâle................	M. Ruaud, précité.
973. — Lapin femelle..............	Le même.
974. — Lapin mâle................	Le même.
975. — Lapin femelle..............	Le même.
976. — 1 lot, coq et poules, blanc.....	M. Devic (Pierre), à Montpellier (Hérault).
977. — 1 lot, coq et poules, noir......	Le même.
978. — 1 lot, coq et poules, gris......	Le même.
979. — 1 lot, coq et poules, argenté....	Le même.
980. — 1 lot, oies grises.............	Le même.
981. — 1 lot, pintades grises.........	Le même.
982. — 1 lot, canards blancs.........	Le même.
983. — 1 lot, canards gris...........	Le même.
984. — 1 lot, canards blancs et noirs...	Le même.
985. — 1 lot, pigeons roux..........	Le même.
986. — 1 lot, pigeons noirs..........	Le même.
987. — 1 lot, pigeons cendrés........	Le même.
988. — 1 lot, pigeons blancs.........	Le même.
989. — Lapin gris, mâle............	Le même.
990. — Lapin gris, femelle..........	Le même.
991. — Lapin noir, mâle............	Le même.
992. — Lapin noir, femelle..........	Le même.
993. — Lapin argenté, mâle..........	Le même.
994. — Lapin argenté, femelle.......	Le même.

EXTRAIT

DE L'ARRÊTÉ MINISTÉRIEL DU 15 FÉVRIER 1896

RELATIF AU CONCOURS RÉGIONAL AGRICOLE D'AGEN EN 1896.

ART. 2.

. . . .

Seuls, les agriculteurs exploitants sont admis à concourir pour l'obtention des récompenses prévues dans la 1re division pour les animaux reproducteurs.

Ils ne pourront obtenir de primes en argent que dans un seul concours régional de l'année. S'ils prennent part à plusieurs concours, leurs animaux seront toujours classés, mais ne pourront obtenir de primes en argent que dans un seul de ces concours *désigné par eux*. Dans les autres concours, ils ne pourront obtenir *que des médailles*.

LISTE DES EXPOSANTS D'ANIMAUX.

Espèce bovine.

M. Abadie-Parret, à Laloubère (Hautes-Pyrénées). — 5e catégorie.

M. Balade (Pierre), à Bazas (Gironde). — 6e et 7e catégorie.

M. Barrère (Jean-Marie), à Odos (Hautes-Pyrénées), 5e et 6e catégorie.

M. Barrère (Jean-Pierre), à Odos (Hautes-Pyrénées). — 6e catégorie.

M. Bascans (Aristide), à Charlas (Haute-Garonne). — 8e catégorie.

M. Bascans (J.-B.), à Charlas (Haute-Garonne). — 8e catégorie.

M. Bastard, à Sauveterre (Lot-et-Garonne). — 1re catégorie.

M. Baudon (Benjamin), à Nomdieu (Lot-et-Garonne). — 1re catégorie.

M. Bazas (Henri), à Beaupuy (Lot-et-Garonne). — 1re catégorie.

M. Beauvallon (François), à Beaupuy (Lot-et-Garonne). — 1re et 4e catégories.

M. Belloc (Clément), à Saint-Côme (Gironde). — 7e catégorie.

M. Bensch (Ulysse), à Agen (Lot-et-Garonne). — 1re et 4e catégorie.

M. Bernède (Pierre-Augustin), à Meilhan (Lot-et-Garonne). — 1re et 4e catégorie.

M. Binot (Arnaud), à Duras (Lot-et-Garonne). — 1re catégorie.

M. Biran (Jean-Marie), à Sarrouilles (Hautes-Pyrénées). — 5e catégorie.

M. Bissières (Jean), à Roquefort (Lot-et-Garonne). — 1re catégorie.

M. Boi (Antoine), à Castanet (Haute-Garonne). — 10e catégorie et bande.

M. de Bonneau-du-Val, à Sauméjan (Lot-et-Garonne). — 7e catégorie.

M. Bonnemaison (Félix), à Lussan (Gers). — 8e et 10e catégorie.

M. Bonnemort, à Castelnau (Lot). — 4e catégorie.

M. Bouézou (Rémi), à Saint-Laurent-Bretagne (Basses-Pyrénées). — 2e catégorie.

MM. Brel et Delfour, à Alvignac (Lot). — 10e catégorie.

M. Buytet (J.-M.), à Marmande (Lot-et-Garonne). — 3e catégorie.

M. Buytet (Pierre), à Langon (Gironde). — 7e catégorie

M. Camps (Camille), à Couthures (Lot-et-Garonne). — 1re catégorie.

M. Carassus (Simon), à Bordères (Hautes-Pyrénées). — 5e catégorie.

M. Carme (François), à la Monge, commune de Pamiers (Ariège). — 8e catégorie.

M. Carthalié (Jean), à Albias (Tarn-et-Garonne). — 1re, 2e et 4e catégorie.

M. Cassaigneau, à Bon-Encontre (Lot-et-Garonne) — 1re catégorie.

M. Castaing (Antoine), à Aubiac (Lot-et-Garonne), — 1re catégorie.

M. Castang (Théodore), à Agen (Lot-et-Garonne). — 1re catégorie.

M. Cathalot (Gustave), boulevard de Talence, n° 92, à Bordeaux. — 7e catégorie.

M. de Catheu, à Juillac-Limoges (Haute-Vienne). — 3e catégorie.

M. Cavalerie (Antoine), à Sérignac-de-Laplume (Lot-et-Garonne). — 1re catégorie.

M. Cazaban (Bernard), à Mirepeix (Basses-Pyrénées). — 2e catégorie.

M. Cazenave (Denis), à Sendets (Basses-Pyrénées). — 2e catégorie.

M. Charlot (Raoul), à Caudriot (Gironde). 1re, 3e et 9e catégorie.

M. Clément (Léopold), à Caumont (Lot-et-Garonne). — 1re catégorie.

M. Combelles (Jean), à Castelnau (Lot). 3e et 4e catégorie.

M. Cornac (Hippolyte), rue du Chant-du-Merle, à Toulouse (Haute-Garonne). — 9e et 10e catégorie.

M. Courrègelongue, à Bazas (Gironde). — 7e catégorie.

M. Courrèges (E.), à Malfaras, commune d'Agen (Lot-et-Garonne). — 4e catégorie.

M. Courrèges (Étienne), à Marmande (Lot-et-Garonne). — 4e catégorie.

M. Dabrin, à Preignan (Gers). — 8e catégorie.

M. Dallas (Édouard), à Séméac (Hautes-Pyrénées). — 5e catégorie.

M. Darquey (Eugène), à Bernos (Gironde). — 7e catégorie.

M. Davancens, à Pardies (Nay) [Basses-Pyrénées]. — 2e catégorie.

M. Dazayous (Jean), à Séméac (Hautes-Pyrénées). — 5e catégorie.

M. Decker-David, à la Hourre, commune d'Auch (Gers). — 8e catégorie.

M. Delhoume (Paulin), à Condat (Haute-Vienne). — 3e catégorie.

M. Delsol, à Lafrançaise (Tarn-et-Garonne). — 1re catégorie.

M. Descat (Gabriel), à Auch (Gers). — 8e catégorie.

M. Despilho (Édouard), à Bordes (Hautes-Pyrénées). — 5e et 6e catégorie.

M. Devic (Pierre), place de la Jalade, à Montpellier (Hérault). — 10e catégorie.

M. Dilhan (Édouard), à Sainte-Marie (Gers). — 8e catégorie.

M. Doucet (Jean), à Romestaing (Lot-et Garonne). — 7e catégorie.

M. Dubié (Félix), à Lau-Balagnas (Hautes-Pyrénées). — 5e catégorie.

M. Dumur (Lucien), au Passage-d'Agen (Lot-et-Garonne). — 10e catégorie.

M. Dupla (Lucien), à Verniolle (Ariège). — 6e et 8e catégorie.

M. Dupuy-Guiraud, à Gaujac (Lot-et-Garonne). — 1re et 4e catégorie.

M. Durade (Jacques), à Pomponne-Montauban (Tarn-et-Garonne). — 4e catégorie.

M. Duran (Edmond), à Charlas (Haute-Garonne). — 8e catégorie.

M. Escalot (Jean), au Limport, commune d'Agen (Lot-et-Garonne). — 1re et 4e catégorie.

M. Eychenne (Pierre), à Foix (Ariège). — 6e catégorie.

M. Fabe (Arnaud), à Bon-Encontre (Lot-et-Garonne). — 5e catégorie.

M. Fabe (Martin), à Pont-du-Casse (Lot-et-Garonne). — 1re et 3e catégorie.

M. Farges (Henri), à Tonneins (Lot-et-Garonne). — 1re catégorie.

M. de Fauchet (Martin), à Pointis-Inard (Haute-Garonne). — 8e catégorie.

M. Faulon (Augustin), à Betbèzé (Hautes Pyrénées). — 8e et 10e catégorie.

M. Faulong (Laurent), à Puydarrieux (Hautes-Pyrénées). — 8e et 10e catégorie.

M. Feuillerade, au Passage-d'Agen (Lot-et-Garonne).

M. Fourré, à Coarraze (Basses-Pyrénées). — 2e catégorie.

M. Fruteau (Joseph), à Nomdieu (Lot-et-Garonne). — 1re catégorie.

M. Gabiole, à Caudecoste (Lot-et-Garonne). — 4e catégorie.

M. Gaide (Pierre), rue des Puits-Creusés, à Toulouse (Haute-Garonne). — 10e catégorie. — Bande.

M. Galinier (Jean), à Montaut (Ariège). — 6e et 8e catégorie.

M. Garric (Charles), à Saint-Pierre-Larivière, commune de Moissac (Tarn-et-Garonne). — 1re catégorie.

M. Gaudenèche (Jean), au Puy (Gironde). — 1re catégorie.

M. Gesta (Jean-Marie), à Lourdes (Hautes-Pyrénées). — 5e catégorie.

M. Goumard, à Mazières (Charente). — 3e, 4e et 9e catégorie.

M. Guandois (Pierre), à Aixe (Haute-Vienne). — 3e catégorie.

M. Hau (fils), à Ouillon (Basses-Pyrénées). — 2e et 5e catégorie.

M Joly (Jacques), à Frontrailles (Hautes-Pyrénées). — 6e et 8e catégorie.

M. Laborde-Vergez, à Idron (Basses-Pyrénées). — 2e catégorie.

M. Lacassagne (Jean), à Narcastet (Basses-Pyrénées). — 2e catégorie.

Mme Lacomme, à Auterrive (Gers). — 8e catégorie.

M. Laffront (Laurent), rue des Fontaines, n° 31, à Toulouse (Haute-Garonne). — 6e et 10e catégorie.

M. Lagrange (Jacques), à Blanquefort (Gironde). — 10e catégorie.

M. Lahitte-Vigneau, à Andoins (Basses-Pyrénées). — 2e catégorie.

M. Lamarque (Jean), à Sarrouilles (Hautes-Pyrénées). — 5e catégorie.

M. Lambert, à Agen (Lot-et-Garonne). 10e catégorie.

M. Langratte (Joseph), à Sérignac (Lot-et-Garonne). — 1re catégorie.

M. Lanusse (Jean), à Illats (Gironde). — 1re, 4e et 7e catégorie.

M. Larrieu (Bernard), à Séméac (Hautes-Pyrénées). — 5e catégorie.

M. Lartigue (J.-B.), à Sarremezan (Haute-Garonne). — 8e catégorie.

M. Lascassies (Calixte), à Idron (Basses-Pyrénées). — 2e catégorie.

M. Lassus-Lacaze (Paul), à Bordes (Basses-Pyrénées). — 2e catégorie.

M. Laurent (Pierre), à Castelmoron (Lot-et-Garonne). — 1re catégorie.

M. de Laville-Montbazon, à Saint-Vite (Lot-et-Garonne). — 3e catégorie.

M. Léoni-Langlois, à Saint-Selve (Gironde. — 7e, 9e et 10e catégorie.

M. de Lestapis, à Artix (Basses-Pyrénées). — 2e et 5e catégorie.

M. Lhoste-Séré, à Saint-Faust (Basses-Pyrénées). — 2e catégorie.

M. Limousin, à Neuvic (Haute-Vienne). — 3e et 4e catégorie.

M. Lis-Leferme, à Masquières (Lot-et-Garonne). — 3e et 10e catégorie.

M. Longas (Jean), à Pardies (Basses-Pyrénées). — 2e catégorie.

M. Lucante (Vincent), à Bon-Encontre (Lot-et-Garonne). — 7e catégorie.

Mme Lurde (Maria), à Charlas (Haute-Garonne). — 8e catégorie.

M. Lussagnet (H.), à Cuq (Lot-et-Garonne). — 7e catégorie.

M. Mapataud (Jean-Baptiste), à Limoges (Haute-Vienne). — 3e catégorie.

M. Marcou, au Passage-d'Agen (Lot-et-Garonne). — 5e catégorie.

M. Marot (Jean), à Foix (Ariège). — 6e et 8e catégorie.

M. Mathieu (Jules), à Agen (Lot-et-Garonne). — Bandes.

M. Médeville (Numa), à Cadillac-sur-Garonne (Gironde). — 1re, 4e, 7e, 9e et 10e catégorie.

M. Méneguerre (Charles), à Meilhan (Lot-et-Garonne). — 1re catégorie.

M. Michaelsen, à Mesterrieux (Gironde). — 1re catégorie.

M. Michou (Jean-Marie), à Laloubère (Hautes-Pyrénées). — 5e catégorie.

M. Milhas (Eugène), à Mazerolles (Hautes-Pyrénées). — 5e et 8e catégorie.

M. le comte de Molinier, à Palau-del-Vidre (Pyrénées-Orientales). — 10e catégorie.

M. Monget (Auguste), à Couthures-sur-Garonne (Lot-et-Garonne). — 3e et 4e catégorie.

M. Mouillié, à Sérignac (Lot-et-Garonne). — 1re catégorie.

M. Moureau (Bernard), à Sérignac (Lot-et-Garonne). — 1re catégorie.

M. de Muret (Henry), à Meilhan (Lot-et-Garonne). — 1re catégorie.

M. Nouvion, à Auch (Gers), 8e catégorie.

M. Odde (Alfred), à Oloron (Basses-Pyrénées), 10e catégorie.

M. Olivier (Pierre), à Jusix (Lot-et-Garonne). — 1re et 4e catégorie.

M. Ousset (Jean), à Pont-du-Casse (Lot-et-Garonne). — 5e catégorie.

M. Penin (Pierre), à Mazères-Lezons (Basses-Pyrénées). — 5e catégorie.

M. Penin (Pierre), à Idron (Basses-Pyrénées). — 2e catégorie.

M. Peyriguère (Jean-Marie), à Sarrouilles (Hautes-Pyrénées. — 5e catégorie.

M. Porte (Cyprien), à Ozon (Hautes-Pyrénées). — 6e catégorie.

M. Poulou (Prosper), à Fleurance (Gers), — 10e catégorie.

M. Pujol (Eugène), à Cos (Ariège). — 6e et 8e catégorie.

M. de Puymaurin, à Meilhan (Lot-et-Garonne). — 1re catégorie.

M. Raballet (Jean), à Suris (Charente). — 2e et 5e catégorie.

M. Raspaud, à Foix (Ariège). — 6e et 8e catégorie.

M. Rastier (Pierre), à Saint-André-du-Garn (Gironde). — 3e catégorie.

M. Régimon (Pierre), à Saint-André-du-Garn (Gironde). — 1re catégorie.

M. Rességuet (Jean-Marie), à Puydarrieux (Hautes-Pyrénées). — 6e et 8e catégorie.

M. Riffaud (Pierre), à Marmande (Lot-et-Garonne). — 1re catégorie.

M. Rochet (Simon), à la Réole (Gironde). — 1re catégorie.

M. Rouillard (Joseph), à Blanquefort (Gironde). — 9e et 10e catégorie, — Bande.

M. Roussille (Jean), à Boé (Lot-et-Garonne). — 4e catégorie.

M. Routgé (Jules), à Foulayronne (Lot-et-Garonne). — 1re et 3e catégorie.

M. Rozier, au Lion-d'Or-d'Auzac, commune de Lannes (Lot-et-Garonne). — 1re, 3e et 4e catégorie.

M. Ruaud, à Cibot-Limoges (Haute-Vienne). — 3e et 4e catégorie.

M. Solle (François), à Sarremezan (Haute-Garonne). — 8e catégorie.

M. Tachoires, (Louis), à Lavelanet (Haute-Garonne). — 8e catégorie.

M. Teulé (Alphonse), chemin de la Barde, à Bordeaux. (Gironde). — 10e catégorie.

M. Thomas (Antoine), à Limoges (Haute-Vienne). — 3e catégorie.

M. Touchard (L.-P.), à Bazas (Gironde). — 7e catégorie.

M. Trépeu, à Soumoulou (Basses-Pyrénées). — 2e catégorie.

M. Tressens (Léon), à Sarniguet (Hautes-Pyrénés). — 5e catégorie.

M. Tujas (Jean), à Saint-Sève (Gironde). — 1re et 4e catégorie.

M. Tujas (Pierre), à Saint-Sève (Gironde). — 1re et 4e catégorie.

M. Utbau, à Saint-Bazeille (Lot-et-Garonne). — 1re catégorie.

M. de Vassal-Sineuil, à Roquefort) Lot-et-Garonne). — 10e catégorie.

M. Verdier (Jean), à Casseneuil (Lot-et-Garonne). — 1re et 4e catégorie.

M. Vergez (Jean), à Aurensan (Hautes-Pyrénées). — 5e catégorie.

M. Vern (Eugène), à Montauban (Tarn-et-Garonne). — 10e catégorie.

M. Vidal, à Caudecoste (Lot-et-Garonne) — 1re catégorie.

M. Villeneuve (Charles), à Pouzac (Hautes-Pyrénées). — 5e catégorie.

Mme Zublena, à Montpellier (Hérault). — 10e catégorie.

2° Espèce ovine.

M. Barbet (Pierre), à Odos (Hautes-Pyrénées). — 2e catégorie.

M. Barlanque (Léon), à Villeneuve-sur-Lot (Lot-et-Garonne). — 6e catégorie.

M. Barrère (Jean-Marie), précité. — 7e catégorie.

M. Barrère (Jean-Pierre), précité. — 4e, 5e et 7e catégorie.

MM. Brel et Delfour, à Alvignac (Lot). — 3e catégorie.

M. Breuil (Théodore), à Ligneyrac (Corrèze). — 3e, 5e et 7e catégorie.

M. Capgrand-Mothes, à Saint-Pau, commune de Meylan (Lot-et-Garonne). — 1re catégorie.

M. Carthalié (Jean), précité. — 2e et 7e catégorie.

M. Castang (Théodore), précité. — 3e, 6e et 7e catégorie.

M. Deplanche (Eugène), à Fléac (Charente). — 5e, 6e et 7e catégorie.

M. le Marquis d'Escoulloubre, à Agen (Lot-et-Garonne). — 2e catégorie.

M. Fabe (Martin), précité. — 2e et 3e catégorie.

M. Feuillerade, précité. — 6e et 7e catégorie.

M. Galinier (Jean), précité. — 2e et 4e catégorie.

M. Joly (Jacques), précité. — 4e catégorie.

M. Lavergne (Antoine), à Alvignac (Lot). — 3e catégorie.

M. Lussagnet (H.), précité. — 5e et 7e catégorie.

M. Martinet (Pierre), à Monflanquin (Lot-et-Garonne). — 6e catégorie.

M. Meunier (Léopold), à Saint Saturnin (Charente). — 6e catégorie.

M. Moraà, à Lalongue (Basses-Pyrénées). — 1re et 4e catégorie.

M. le marquis du Pins, à Montbrun (Gers). — 6e catégorie.

M. Pujol (Eugène), précité. — 2e et 4e catégorie.

M. Raspaud (Jérôme), précité. — 2e et 4e catégorie.

M. Roux (Jean-Marie), à Montgaillard (Hautes-Pyrénées). — 1re, 4e, 5e et 7e catégorie.

M. Rozier, précité. — 6e catégorie.

M. Simonet (Jacques), à Meyrignac (Lot). — 3e catégorie.

M. Tachoires (Louis), précité. — 2e catégorie.

M. de Trenquellède, à Agen (Lot-et-Garonne). — 5e catégorie.

M. Valin (Joseph), à Coulounieix (Dordogne). — 5e catégorie.

M. Vitrac (Jean-Henri), à Gramat (Lot). — 3e catégorie.

3° Espèce porcine.

M. Adolphe (H.), Grande-Rue, n° 54, à Montpellier (Hérault). — 1re, 2e et 3e catégorie.

Mme Arassus (Marie), à Bernac-Debat (Hautes-Pyrénées). — 1re et 3e catégorie.

M. Barrère (Jean-Marie), précité. — 1re et 3e catégorie.

M. Barrère (Jean-Pierre), précité. — 1re et 3e catégorie.

M. Bordas, à Coussac-Bonneval (Haute-Vienne). — 1re catégorie.

M. Bovicomte (Gabriel), à Saint-Yrieix (Haute-Vienne). — 1re catégorie.

M. Decker-David, à La Hourre, Cne d'Auch (Gers), 1re, 2e et 3e catégorie.

Mme Deplanche (Eugène), précitée. — 1re et 3e catégorie.

M. Deschamps (Henri), à Ségur (Corrèze). — 1re catégorie.

M. Devic (Jean-Pierre), précité. — 1re, 2e et 3e catégorie.

M. Escalot (Jean), précité. — 1re catégorie.

M. Faulong (Laurent), à Puydarrieux (Hautes-Pyrénées). — 1re et 3e catégorie.

M. Fournier de Saint-Amant, à Monflanquin (Lot-et-Garonne). — 1re, 2e et 3e catégorie.

M. Goumard, précité. — 1re et 3e catégorie.

M. Guilhaumaud d'Arfeuille, à Coussac (Haute-Vienne). — 1re catégorie.

M. Joly (Jacques), à Fontrailles (Lot-et-Garonne). — 1re, 2e et 3e catégories.

M. Limousin, précité. — 3e catégorie.

M. Lis-Leferme, précité. — 2e et 3e catégorie.

M. Loncan, à Bernac-Debat (Hautes-Pyrénées). — 1re, 2e et 3e catégories.

M. Mapataud (Jean-Baptiste), précité. — 3e catégorie.

M. Médous (Étienne), à Laloubère (Hautes-Pyrénées). — 3e catégorie.

M. Meunier (Léopold), précité. — 1re catégorie.

M. Minvielle, à Séméac (Hautes-Pyrénées). — 3e catégorie.

M. Pagèze (Pierre), à Vielle-Adour (Hautes-Pyrénées). — 1re catégorie.

M. Pauzet (Pierre), à Saint-Yrieix (Haute-Vienne). — 1re catégorie.

M. Pouts (Lucien), à Saint-Vincent (B.-Pyrénées), 1re et 3e catégorie.

M. Rességuet (Jean-Marie), précité. — 1re, 2e, et 3e catégorie.

M. Ruaud, précité. — 2e catégorie.

M. Tachoires (Louis), précité. — 1re, 2e et 3e catégorie.

M. Touge (Antoine), à Beaumont (Tarn-et-Garonne). — 2e catégorie.

M. Védère (Jean), à Momères (Hautes-Pyrénées). — 1re, 2e et 3e catégorie.

M. Villeneuve (Charles), précité. — 1re catégorie.

Mlle Zubléna, précitée. — 1re, 2e et 3e catégorie.

4° Animaux de basse-cour.

M. Astuguevieille, à Momères (Hautes-Pyrénées). — 3e catégorie.

Mme Basset (Marie), à Bon-Encontre (Lot-et-Garonne). — 3e catégorie.

M. Bonnal (Antoine), à Saint-Nazaire (Tarn-et-Garonne). — 2e catégorie.

M. Bovicomte (Gabriel), précité. — 2e catégorie.

M. Dallas (Édouard), précité. — 2e catégorie.

M. Devic (Pierre), précité. — 3e catégorie.

M. DORGANS (François), à Séméac (Hautes-Pyrénées). — 2e catégorie.

M. DURADE (Jacques), précité. — 3e catégorie.

M. FAUROU (Jean), à Vazerac (Tarn-et-Garonne). — 3e catégorie.

M. GRÈZE (Joseph), à Golfech (Tarn-et-Garonne). — 1re catégorie.

M. LAFFARGUE (Jean), à Montesquieu (Lot-et-Garonne). — 2e catégorie.

M. LAFOURCADE (Paul-Victor), rue du Quatre Sesptembre, à Tarbes (Hautes-Pyrénées). — 2e catégorie.

M. le comte DE LAINSECQ, à Lormont (Gironde). — 1re catégorie.

M. LASSERRE (André), à Port-Sainte-Marie (Lot-et-Garonne). — 3e catégorie.

M. LUSSAGNET, précité. — 2e catégorie.

M. MAILHES (Auguste), à Momères (H.-Pyrénées). — 3e catégorie.

Mlle MARSEILLE (Jeanne), à Agen (Lot-et-Garonne). — 1re catégorie.

M. MICHON (Jean-Marie), précité. — 3e catégorie.

M. MINVIELLE, précité.

M. le comte de MOLINIER, précité. — 2e catégorie.

M. RÉBEILLÉ (Léopold), à Palau-del-Vidre (Pyrénées-Orientales). — 3e catégorie.

M. RICHARD (Pierre), à Saint-Nazaire (Tarn-et-Garonne). — 3e catégorie.

M. ROZIER, précité. — 2e catégorie.

M. RUAUD, précité. — 3e catégorie.

M. VÉDÈRE (Jean), précité. — 3e catégorie.

2ᴱ DIVISION.

MACHINES ET INSTRUMENTS AGRICOLES.

MM. AMOUROUX frères, place Riquet, à Toulouse (Haute-Garonne).

1. Série de fanneurs, depuis. 40f
2. Série de trieurs, depuis.. 160
3. Fouloir ordinaire....... 90
4. Fouloir intermédiaire.... 120
5. Fouloir méridional n° 2.. 220
6. Fouloir-égrappoir....... 325
7. Série de pressoirs, depuis. 200
8. Série de vis de pressoirs, depuis.............. 50
9. Broyeur de pommes..... 85
10. Pompe à vin *la Toulousaine*............... 225
11. Série de pompes à eau, depuis............... 18
12. Pulvérisateur *Amouroux*... 34
13. Treuil de défoncement avec sa charrue et ses accessoires, à traction, pour locomobile de 7 chevaux. 4,000
14. Treuil de défoncement avec sa charrue et ses accessoires, à traction, pour locomobile de 3 chevaux. 2,200
15. Treuil à manège avec charrue et accessoires...... 1,800
16. Charrue Brabant........ 200
17. Charrue vigneronne..... 25
18. Charrue à main....... 25
19. Série de houes-cultivateur, depuis.............. 50f
20. Série de herses, depuis... 30
21. Faucheuse *Hirondelle*, à bœufs ou à chevaux.... 425
22. Faucheuse *Globe*........ 425
23. Faucheuse *May-Flover*, à 1 cheval............ 375
24. Faucheuse *Johnston* n° 3.. 450
25. Faucheuse *Hirondelle*, avec appareil à moissonner.. 525
26. Combinée *Johnston* n° 3.. 800
27. Moissonneuse *Johnston Continentale*, n° 1......... 700
28. Moisonneuse *Johnston Continentale*, n° 2........ 675
29. Moisonneuse *Johnston Harwester*............... 800
30. Moissonneuse-lieuse *Bonnie*. 1,200
31. Meule en grès, à manivelle, 25
32. Meule en grès, à pédale.. 26
33. Râteau *Lion*, à 24 dents.. 220
34. Râteau *Tigre*, à 26 dents. 150
35. Faneuse à fourches articulées................ 295
36. Locomobile de 5 à 6 chevaux................ 4,650

37. Locomobile de 4 à 5 chevaux 3,800f
38. Locomobile de 3 à 4 chevaux 2,950
39. Batteuse à double nettoyage, 1m 40, à vapeur.. 2,725
40. Batteuse à simple nettoyage, 1m 60, à vapeur.. 1,850
41. Batteuse à pointes, vannant, 0m 72, à vapeur. 1,150
42. Manège *Amouroux*, à billes, n° 5 375
43. Manège *Amouroux*, à billes, n° 4 250
44. Manége système américain, n° 5 235
45. Manège système américain, n° 4 200
46. Batteuse *Amouroux*, à billes, n° 5, à manège 300
47. Batteuse *Amouroux*, à billes, n° 5, à manège 250
48. Batteuse à bras et à manège 175
49. Batteuse à bras 130
50. Secoueur de paille 100
51. Extirpateur à 7 socs, n° 2. 240
52. Pulvérisateur à disques, n° 2 ..... 250f
53. Pulvérisante *Amouroux* ... 110
54. Semoir à main 25
55. Semoir à 7 rayons 180
56. Semoir à traineau 450
57. Semoir à cuillères, à 10 rayons 700
58. Rouleau plombeur 150
59. Série d'égrenoirs à maïs de 4 fr. à 100
60. Concasseur de grains n° 1. 85
61. Moulin C 100
62. Série de coupe-racines depuis 18
63. Série de hache-paille depuis 40
64. Broyeur d'ajoncs et de sarments 230
65. Aplatisseur de grains 100
66. Écrémeuse centrifuge 425
67. Presse à fourrages, à bras. 400
68. Presse à fourrage d'entrepreneur 1,000
69. Presse à fourrage, à vapeur 2,000

M. BAJAC (Antoine), à Liancourt (Oise).

70. Charrue - bascule défonceuse, à un soc de chaque côté, construction tout acier.
71. Brabant double, n° P 1, pour poney, le kilogr.... 1f 60c
72. Brabant double, n° 1, pour un cheval, tête mathématique refoulante, écrou de vis de terrage en bronze, le kilogr.... 1 50
73. Brabant double, n° 2, pour 2 chevaux, tête mathématique refoulante, écrou de vis en bronze, le kilogr 1 45
74. Brabant double, n° 2 A, pour 2 chevaux, tête refoulante, le kilogr.... 1f 40c
Rasettes, la paire 16 00
Traîneau, la pièce 28 00
75. Brabant double, n° 2 B, pour 2 et 3 chevaux, tête refoulante, le kilogr. 1 40
Rasettes.
76. Brabant double, n° 3 *bis*, pour 2 et 3 chevaux, tête et écamoussure en acier, écrou de vis de terrage en bronze. Plus-value pour écamoussure acier, le kilogr 10 00

77. Brabant double fouilleur n° 3, pour 3 chevaux, tête refoulante, le kil. 1f 40c

78. 1 appareil fouilleur au retour, la pièce..... 50 00

79. Brabant double, n° 3 P, tête refoulante, pour 3 et 4 chevaux, le kilogr............. 1 35
Traîneau.......... 30 00

80. Brabant double, n° 3 P, tête et escamoussure en acier, le kilogr.... 1 35
Plus-value pour escamoussure acier...... 15 00

81. Brabant double, n° 4 *bis*, défonceur pour 4 et 6 chevaux, le kilogr... 1 35

82. Appareil défonceur, roue, essieu et contre supplémentaire, l'appareil.............. 125 00

83. Charrue *la Liancourtoise*, en araire, tout acier, la pièce....... 69 00

84. Charrue l'*Elégante*, pour chausser et déchausser les vignes.......... 100 00

85. Billonneur – butteur à avant-train, tout acier 135 00

86. Fouilleur à 1 pied, avant-train à 2 roues. 110 00

87. Bisoc double, pour 2 chevaux, tête refoulante............. 260 00

88. Déchaumeuse enfouisseuse, 4 socs, la pièce. 215 00

89. Scarificateur - extirpateur, tout en acier, 9 dents inusables.......... 260 00

90. Herse - scarificateur, 11 dents, tout acier..... 235 00

91. Piocheur-vibrateur, 11 dents, breveté S. G. D. G., tout acier... 295f 00c

92. Herse extensible, 31 dents, breveté S. G. D. G., tout acier.... 150 00

93. Herse écroûteuse-émotteuse pour 1 cheval, le kilogr.......... 0 50
Traîneau.......... 35 00

94. Herse écroûteuse-émotteuse pour 2 chevaux, le kilogr........... 0 50

95. Planteuse de pommes de terre à transformations, breveté S. G. D. G., complète..... 465 00

96. Houe à cheval, dite *à maïs*, grand modèle, avec traîneau....... 110 00

97. Colliers métalliques pour chevaux, suivant force.

98. Volée à 3 chevaux, avec cran de règlage..... 28 00

99. Moulin à bras, avec bluterie.............. 300 00

100. Moulin agricole, à moteur, pour concassage............. 350 00

101. Herse-rouleau à bras, à 2 rangs d'étoiles..... 42 00

102. Herse-rouleau à bras, à 3 rangs d'étoiles.... 50 00

103. Binette - poussette, à main, avec lames ou rasettes............ 25 00

104. Rayonneur-traceur, à 3 dents........... 5 00

105. Rayonneur-traceur, à 4 dents........... 7 00

M. BAJAN (Louis), à Eauze (Gers).

106. Le pratique appareil pour sulfater la vigne.................. 300f

M. BARTHEROTE, à Homps (Gers).

107. Sarcleuse-bineuse..... 50f 00c

108. Charrue-vigneronne... 40 00

109. Trisoc pouvant être transformé en bisoc..... 40f 00c

M. BASTIDE (Jean-Auguste), à Port-Sainte-Marie (Lot-et-Garonne).

10. Pulvérisateur........... 30f
11. Pompe à soutirer les liquides en fût............... 58
112. Tireuse pour mettre en bouteilles............... 50f

MM. BESNARD père, fils et gendres, rue Geoffroy-Lasnier, n° 28, à Paris.

113. Pulvérisateur à dos d'homme, contenance 15 litres................. 40f
114. Le même plombé, avec enduit anti-acide....... 45
115. Pulvérisateur, *le Carbonique*, à pression indépendante du porteur....... 35
116. Pulvérisateur, *le Carbonique*, à dos de cheval.... 400
117. Pulvérisateur horticole à mains (contenance 2 litres)................ 18
118. Alambics à distillation continue, système A. Estève. Type A, distillant 90 litres en 24 heures...... 63f
119. Type B, distillant 180 litres en 24 heures...... 130
120. Type C, distillant 270 litres en 24 heures....... 185
121. Type D, distillant 600 litres en 24 heures....... 340
122. Type E, distillant 1,500 litres en 24 heures....... 650

M. BIÈRE (Paulin), à Sérignac (Lot-et-Garonne).

123. Charrues en acier, le kilogr. 2f
124. Sarcleuses en acier, la pièce. 70
125. Charrues défonceuses en acier, le kilogr......... 2f
126. Charrues vigneronnes en acier, la pièce.......... 48

M. BILLIOUD, rue Saint-Maur, n° 108, à Paris.

127. Trieur à alvéoles n° 00.... 120f
128. Trieur à alvéoles n° 1 *bis*, avec émotteur......... 160
129. Trieur à alvéoles n° 1, avec retour............... 205
130. Trieur à alvéoles n° 2 *bis*, avec retour et émotteur.. 225
131. Trieur à alvéoles n° 2 *ter*, avec retour et émotteur.. 280
132. Trieur à alvéoles n° 2, avec retour et émotteur...... 320f
133. Crible centrifuge à simple effet, tôles perforées mobiles................ 250
134. Lot de grilles à tarare, tôle étamée.
135. Lot de cribles à tarare, tôle étamée.
136. Feuille secoueur pour machine à battre.

M. BOIVIN (Eugène), rue Gambey, n° 14, à Paris.

137. Thermomètres pour serres et étables.
138. Thermomètres de couches.
139. Loupes pour l'examen des graines, plantes, etc.
140. Microscopes-floroscopes.
141. Pèse-lait.
142. Pèse-alcool.
143. Pèse-cidre.
144. Pèse-sirop.
145. Pèse-bière.
146. Insectoscopes à prison.
147. Lunettes et binocles pour meuniers.

M. BOUÉ (Pierre), à Agen (Lot-et-Garonne).

148. Pulvérisateur en cuivre rouge, à pression directe, à dos d'homme 30f
149. Pulvérisateur en cuivre rouge, à pression d'air, à dos d'homme 25
150. Pulvérisateur en cuivre rouge, dit seringue, à dos d'homme 25f

M. BRETON-GRELIER, à Meung-sur-Loire (Loiret).

151. Charrues à levier, en acier. 85f
152. Charrue sans levier, en acier. 70
153. Charrue, monture bois.
154. Herse à zigzag, à mancherons 45
155. Houes à levier, nouveau modèle 85
156. Houe sans levier, nouveau modèle 75
157. Butteur à levier 85
158. Charrue-arrache pommes de terre 85f
159. Paroirs 35
160. Bisoc à levier 90
161. Corps de houe à 5 socs 50
162. Corps de houe à 3 socs 35
163. Corps-bisoc 40
164. Corps-charrue 30
165. Harnais viticole 45

MM. BROUHOT et Cie, à Vierzon (Cher).

166. Moteur à pétrole monté sur 4 roues 3,490f
167. Pompe à pistons à 2 corps sur 4 roues 1,400
168. Batteuse à trèfle montée sur 4 roues 3,000f

M. BUZELIN (J.), rue de Paris, n° 81, aux Lilas (Seine).

169. Pompe chapelet margelle, n° 2 .... 100f
170. Pompe chapelet colonne, n° 1 75
171. Pompe à chapelets sur pied, n° 2 130
172. Pompe fermée sur colonne, n° 1 140
173. Pompe d'arrosage à levier, n° 1 80
174. Pompe d'arrosage à balancier, n° 2 115
175. Pompe d'arrosage à balancier, n° 3 .... 150f
176. Pompe d'arrosage à double balancier, n° 5 180
177. Pompe aspirante et refoulante sur planche 58f 50c
178. Tonneau d'arrosage à levier, n° 1 180
179. Pompe à volant, n° 3 185
180. Pompe à transvasement des vins, n° 2 300
181. Support de lance d'arrosage. 15

MM. CAPERAN et FOUCADE, à Astaffort (Lot-et-Garonne).

182. Fouloir n° 1 .... 120f
183. Fouloir n° 2 150
184. Fouloir-égrappoir 300
185. Égrappoir 290
186. Égrappoir-fouloir 520f
187. Ventilateur à crible plat, dit tarare 70
188. Ventilateur à crible cylindrique, dit tarare 130

M. CAROLIS (agent général de la maison Japy frères, de Beaucourt), à Toulouse (Haute-Garonne).

189. Égrenoir à maïs avec ventilateur 70f 00c
190. Égrenoir à maïs avec séparateur 48 00
191. Égrenoir à maïs sans séparateur 43 00
192. Égrenoir à maïs sur trépied 10 00
193. Égrenoir à maïs à oreilles sur table 4 50
194. Concasseur à cylindres, acier 70 00
195. Concasseur à plateaux, dentés, C 6 .... 68 00
196. Concasseur à plateaux C 20 1 .... 40 50
197 Concasseur à plateaux dentés, C 1 .... 29 50
198. Concasseur à plateaux dentés, C 3 .... 25 50
199. Coupe-racine, disque cône, n° 1 .... 31 50
200. Coupe-racine, disque cône, n° 2 .... 38 50
201. Coupe-racine, disque cône, n° 3 .... 49 50
202. Coupe-racine, disque plat, n° 1 .... 18 00
203. Coupe-racine, disque plat, n° 2 .... 24 00
204. Coupe-racine, disque plat, n° 3 .... 30 00
205. Hache-paille, pieds bois, n° 00 .... 43 00
206. Hache-paille, pieds fonte, n° 0 .... 49 50
207. Hache-paille, pieds bois, n° 1 .... 56f 50c
208. Hache-paille, pieds bois, n° 2 .... 56 50
209. Hache-paille, pieds bois, n° 3 .... 65 50
210. Hache-paille, pieds bois, n° 4 .... 68 00
211. Hache-paille, pieds bois, n° 5 .... 72 00
212. Collection de semoirs pour culture maraîchère.
213. Semoir à vis d'Archimède, 1 soc, à bras 35 00
214. Semoir à vis d'Archimède, 2 socs, à bras 55 00
215. Semoir à rouleaux, 1 soc, à bras 26 00
216. Semoir à rouleaux, bois, monté sur charrue 25 00
217. Semoir à rouleaux, bois, 1 soc, semant 2 graines à la fois 32 00
218. Semoir à vis d'Archimède, 4 socs, limonière 180 00
219. Semoir à vis d'Archimède, 6 socs, limonière 250 00
220. Semoir à vis d'Archimède, 7 socs, limonière 285 00
221. Semoir à vis d'Archimède, 8 socs, à flèche 340 00
222. Semoir à vis d'Archimède, 8 socs, à avant-train .. 385 00

223. Faucheuse rapide n° 2, pour bœufs.......... 385f 00c
224. Faucheuse n° 1, pour chevaux.............. 300 00
225. Râteau non automatique, 24 dents....... 220 00
226. Râteau en acier pour jardin.
227. Fouloir à vendange sans pieds............... 60 00
228. Fouloir à vendange avec pieds.............. 70 00
229. Charrue brabant double. 180 00
230. Hache-herbes ou nourrisseur économique..... 14f 00c
231. Moteur à pétrole, 1 cheval.............. 1,300 00
232. Banc de jardin, pieds fer, 2 mètres........... 18 00
233. Chaises agricoles pour jardin.
234. Collection de herses articulées.
235. Collection de pompes à décuver et pour l'arrosage.
236. Collection de pompes pour besoins domestiques.

MM. CARRÈRE frères, à Agen (Lot-et-Garonne).

237. Lot de buanderies en fonte de............ 15 à 94f 50c
238. Lot de bacs à porcs, en fonte brute, de 6f 30 à 22 00
239. Auge à volaille, en fonte brute.............. 2 05
240. Auge à volaille, en fonte émaillée........... 4 10
241. Lot de mangeoires, de 7 fr, 10 à.......... 20 50
242. Lot de mangeoires d'angle, de.... 4 fr. 80 à 9f 60c
243. Lot de bacs pour chevaux, de........ 8 fr. 90 à 10 00
244. Lot de chaudrons en fonte avec couvert, la pièce.. 1 30
245. Lot de chaudrons en fonte sans couvert, la pièce. 1 40
246. Support pour la vigne... 2 15

M. CASTAING fils, à Castelmoron-d'Albret (Gironde).

247. Faucheuses.
248. Moissonneuses.
249. Batteuses.
250. Manèges.
251. Hache-paille.
252. Moteur à pétrol........ 2,500f
253. Moissonneuse-lieuse Victor.............. 1,200

M. CAZENILLE dit LACAU, à Port-Sainte-Marie (Lot-et-Garonne).

254. Étuve à prunes, n° 2, 36 à 47 claies............. 200f
255. Étuve à prunes, n° 3, 36 à 40 claies............. 300
256. Pulvérisateur à pression d'air, cuivre rouge...... 25f

M. CHAMBONNIÈRE, à Clermont-Ferrand (Puy-de-Dôme).

257. Charrues *Chambonnière* en acier, à 1 cheval...... 20f
258. Charrues *Chambonnière* en acier, à 2 vaches...... 30
259. Charrues *Chambonnière* en acier, à 2 bœufs....... 35f
260. Charrues *Chambonnière* en acier, de 2 à 4 bœufs... 40

261. **Charrues *Chambonnière* en acier, à 4 bœufs** 50f
262. **Charrues *Chambonnière* en acier, à 6 bœufs** 60
263. **Charrues brabant en acier, n° 1, à 1 cheval** 150
264. **Charrues brabant en acier, n° 2 *bis*, à 1 et 2 chevaux ou 2 bœufs** 165
265. **Charrues brabant en acier, n° 3 *bis*, de 2 à 4 petits bœufs** 180
266. **Charrues brabant en acier, n° 4 *bis*, de 3 à 4 bœufs**. 205
267. **Charrues brabant en acier, n° 5 *bis*, de 4 à 6 bœufs**. 230
268. **Charrues brabant en acier, n° 6 *bis*, de 5 ou 6 bœufs**. 260
269. **Charrues brabant en acier, n° 7 *bis*** 290
270. **Charrues brabant en acier, n° 8** 310
271. **Charrues tourne-oreilles, à 1 petit cheval** 55
272. **Charrues tourne-oreilles, C. H., à 1 cheval ou 2 vaches** 75
273. **Charrues tourne-oreilles, C. B., de 2 à 4 bœufs**.. 90
274. **Fouilleuse-soussolleuse**... 70
275. **Charrues rigoleuses**..... 75
276. **Butteurs, tout acier**. 60 et 70
277. **Houes à 3 et 5 socs**. 50 et 65
278. **Cultivateur Français**..... 330
279. **Harnais viticole**........ 45
280. **Herses articulées, à barres de rigidité, à 2, 3 et 4 flèches, de**...... 30 à 150
281. **Herses démousseuses, tout acier, de 99 à 153 dents, de** .... 80 à 180
282. **Rouleaux plombeurs et squelettes, les 100 kil., de** .... 26 à 32
283. **Extirpateurs à coulisses *le Robuste*, de**.... 200 à 290
284. **Semoirs à 3 rayons**...... 130
285. **Semoirs à 4 rayons**...... 150
286. **Semoirs à 5 rayons**...... 170f
287. **Semoirs à 6 rayons**...... 200
288. **Semoirs à 7 rayons**...... 260
289. **Faneuses avec ou sans capote, de**....... 300 à 400
290. **Rateaux de 24 à 28 dents, de**............ 160 à 200
291. **Herses à fourrages, de 400 à**............... 500
292. **Petites batteuses à bras et à manèges, de**.. 100 à 150
293. **Manèges à engrenages et vis sans fin, de**.. 160 à 200
294. **Tarares déboureurs et cribleurs, de**...... 26 à 60
295. **Trieurs pour tous grains, de** .... 110 à 300
296. **Moulins système *le Colon*, n° 1, à bras**.......... 75
297. **Moulins à engrenages, 180 et** 240
298. **Moulins à poulie et volant, 150, 220, 350 et**...... 550
299. **Hache-paille, de**... 42 à 120
300. **Coupe-racines, de**.. 15 à 75
301. **Barattes de toutes dimensions, de** .... 15 à 100
302. **Pressoirs sur pieds, table bois ou acier, de**.. 75 à 1,200
303. **Pressoirs sur roues, table bois ou acier, de** 200 à 1,500
304. **Bascules romaines et à bestiaux, de**....... 40 à 300
305. **Fouloirs à vendanges, de 45 à**............... 110
306. **Rappes à pommes, à bras**. 120
307. **Rappes à pommes, à manège**............... 110
308. **Casse-pommes, de**.. 55 à 120
309. **Pompes à chapelet, de** 45 à 140
310. **Pompes à transvaser, de 70 à**.............. 400
311. **Pompes à purin, de** 32 à 60
312. **Châssis de couches et petites serres, de**....... 4 à 15
313. **Treillage en bois de châtaignier, le mètre, de** 0 50 à 1 20

M. CHAMEROY (Edmond), rue d'Allemagne, n° 147, à Paris.

314. Bascule ordinaire au 1/10°, 100 kil,
315. Bascule ordinaire au 1/10°, 200 kil.
316. Bascule ordinaire au 1/10°, 300 kil.
317. Bascule romaine au 1/100°, 500 kil.
318. Bascule romaine au 1/100°, 700 kil.
319. Bascule romaine au 1/100°, 1,000 kil.
320. Basule imprimant le poids, 200 kil., pesage des sacs.
321. Bascule imprimant le poids, 500 kil.
322. Bascule imprimant le poids, 1,000 kilogr., pesage des fûts.
323. Bascule imprimant le poids, 600 kil., pesage du bétail.
324. Bascule imprimant le poids, 1,200 kilogr., pesage du bétail.
325. Bascule à romaine, 1,000 kilogr., pesage du bétail.
326. Saut à bascule, 8,000 kilogr., pesage des voitures.
327. Bascule spéciale, 1,000 kilogr., pesage des wagonnets.
328. Brouette à sacs.
329. Brouette à diable pour sacs.
330. Brouette à diable pour caisses.
331. Brouette à diable pour chemins de fer.
332. Lot de balances.

M. CHAUMAT (L.), rue de Belleville, n° 38, à Paris.

333. Coupe-légumes en tous genres, de 0f50c à.... 4f 50c
334. Robinetteries diverses.
335. Articles de cave.
336. Lampes pour l'échenillage.
337. Batteurs.
338. Petites barrattes.
339. Bouche-bouteilles petit modèle.
340. Petits pressoirs.

M. CHERTIER-ASSELIN, rue de Bourgogne, nos 232 et 234, à Orléans (Loiret).

341. Soufflets pulvérisateurs pour le traitement de la vigne et des arbres à fruits, de 5f à............. 10f
342. Collection de pièges pour la destruction des taupes.

M. CLERT (Alfred), à Niort (Deux-Sèvres).

343. Trieur en deux parties avec émotteur, grille diviseur et reprise automatique, pour graines longues et rondes............... 270f
344. Trieur en deux parties avec émotteur, système excentrique, grille diviseur et reprise automatique, pour graines longues et rondes. 300
345. Trieur en une seule partie avec émotteur, grille diviseur et reprise automatique, pour graines longues et rondes............. 250
346. Trieur en une seule partie avec émotteur, grille diviseur et reprise automatique, pour graines longues et rondes............ 220f
347. Trieur en une seule partie avec émotteur, grille diviseur sans reprise, pour graines longues et rondes. 245
348. Trieur en une seule partie avec émotteur, grille diviseur sans reprise, pour graines longues et rondes. 160

M. **COCULET**, à Sainte-Foy-la-Grande (Gironde).

349. Microscope agricole 10f

COMPAGNIE DES CONSTRUCTIONS DÉMONTABLES, rue Lafayette, n° 51, à Paris.

350. Hangar métallique démontable, le mètre carré 14f 40c

COMPAGNIE DES MOTEURS NIEL, rue Lafayette, n° 22, à Paris.

351. Moteur à pétrole, 3 chevaux 3,050f

352. Moteur à pétrole, 1 cheval et demi 2,000f

MM. **COUSTURE** père et fils, à Montaut (Ariège).

353. Rouleaux brise-mottes, l'un. 150f

354. Herse articulée 50

355. Herse quadrangulaire 40

356. Herse vigneronne 40

357. Défonceuse 100

358. Charrue vigneronne en acier. 20

359. Charrue vigneronne en acier. 18f

360. Butteur 18

361. Ratissoire 55

362. Extirpateur-scarificateur... 40

363. Grappin pour luzerne 40

364. Lot de poignées de compostes.

M. **CRUSSON** père, rue Gambetta, n° 26, à Cette (Hérault).

365. Raboteuse en acier 5f

M. **CRUZEL**, avenue de la Patte-d'Oie, à Toulouse (Haute-Garonne).

366. Pompe aspirante et foulante, 120 litres à la minute 800f

367. Pompe à jet continu pour arrosage, 225 litres à la minute 1,200

368. Pompe à manège conduite par un âne, 120 litres à la minute 300

369. Pompes à double effet, toute en métal 300

370. Pompe à soufflet avec levier automatique 80f

371. Pompe à soufflet avec levier automatique 100

372. Pompe à soufflet avec levier automatique 150

373. Filtre à pression, en cuivre étamé intérieurement ... 250

M. **CUSSON** (Joseph), à Aiguillon (Lot-et-Garonne).

374. Batteuse à griffe 300f

375. Manège sans engrenages ... 300f

M. **DALAINE**, rue de Belleville, n° 19, à Paris.

376. Piège.

M. DELMAS (Adolphe), rue du Chalet, n° 3, à Paris.

377. Hachoir rapide, la douzaine 18f
378. Entonnoir automatique, la douzaine.............. 27
379. Bouche-bouteilles à colonne, la douzaine............ 96f

M. DÉLOUSTAL (Émile), à Castelmoron (Lot-et-Garonne).

380. Étuve pour sécher les fruits.................................. 350f

M. DELPEROUX, à Tours (Indre-et-Loire).

381. Appareil de puisage, 130 et 150f
382. Bouche d'égout, de 35 à 105
383. Échelle de sauvetage.
384. Machine à greffer verticale. 100f
385. Bouche d'arrosage....... 120
386. Pressoir............... 45

M. DEROY fils aîné, rue du Théâtre, nos 71 à 77, à Paris.

387. Alambic de 300 litres, à chauffe-vin sur chariot, système Deroy, avec lentille de rectification, chaudière basculante, pompe, grille de fond et accessoires........... 2,155f
388. Alambic de 300 litres, système Deroy avec basculement, lentille grille de fond et accessoires..... 870
389. Alambic de 200 litres système Deroy, composé comme le précédent, mais sans lentille...... 610
390. Alambic de 100 litres système Deroy, avec fourneau, robinet de vidange et lentille de rectification. 465
391. Alambic de 50 litres système Deroy avec fourneau et grille de fond........ 275
392. Alambic *Simplex* système Deroy, de 50 litres, avec fourneau et grille de fond............... 240
393. Alambic *Simplex* système Deroy, de 25 litres, avec fourneau et grille de fond................ 167f
394. Alambic *Simplex* système Deroy de 10 litres avec fourneau et grille de fond 130
395. Alambic d'essai de 5 litres système Deroy avec fourneau................ 100
396. Chambre d'essai de 2 litres système Deroy........ 75
397. Nécessaire complet pour essais; alambic de 1 litre système Deroy........ 80
398. Réfrigérant à moûts composé de deux éléments de 2 mètres, système Müntz et Rousseau.... 1,100
399. Œnotherme (appareil à pasteuriser les vins) pouvant traiter 600 litres à l'heure.............. 1,200
400. Échaudeuse étuveuse, moyenne, en cuivre.... 500

M. DHEUR, au Mas-d'Agenais (Lot-et-Garonne).

401. Griffes à suspension avec crochets pour la dessication des tabacs, le mille. 75f
402. Petites griffes à suspension, pour fruits, le mille... 60f

M. DURAND, avenue Victor-Hugo, n° 163, à Paris.

403. Moteur à pétrole et à gaz, avec accessoires.

M. DURAND (Joseph), à Bajamont (Lot-et-Garonne).

404. Ravale montée sur roues et à bascule, transport de terre, avec taillant.. 140f

405. Ravale montée sur roues et à bascule, transport de terre, sans taillant.. 130

MM. EGROT et GRANGÉ, rue Mathis, nos 19 à 23, à Paris.

406. Alambic brûleur, 50 litres. 335f

407. Alambic brûleur à bascule avec agitateur, 100 litres. 558

408. Alambic brûleur à bascule avec grille, 300 litres.. 805

409. Alambic brûleur sur roues. 1,694

410. Cuiseur pour bétail, chaudière basculante, tôle étamée, 150 litres..... 295

411. Cuiseur pour bétail, n° 1, avec générateur....... 1,070f

412. Alambic à usages multiples................ 370

413. Lot d'alambics d'amateurs.

414. Appareil pour conserves, autoclave à feu nu avec palan, 100 litres...... 885

415. Chaudière à blanchir, à vapeur, 100 litres..... 500

M. FAUL (Charles), rue Pierre-Levée, n° 13, à Paris.

416. Faucheuse *Idéal* Deering, à 2 chevaux.......... 425f

417. Faucheuse *Idéal* Deering, avec appareil à moissonner............. 525

418. Faucheuse *Idéal* Deering, à 1 cheval............ 400

419. Faucheuse *Idéal* Deering, dite *Géante*, à 3 chevaux................

420. Moissonneuse *Idéal* Deering................ 700

421. Moissonneuse-lieuse *Pony* Deering......... 1,200f

422. Rateau à cheval Deering.. 200

423. Cultivateur américain Champion.......... 350

424. Cuiseur à vapeur, n° 1... 215

425. Cuiseur à vapeur, n° 3... 345

426. Lot de pompes à purin Fauler..............

427. Lot de robinets épandeurs.

428. Semoir au rayon de Sack, 11 rayons........... 650

M. FAULONG, à Puydarrieux (Hautes-Pyrénées).

429. Trieur pour séparer le grain de la cuscute........................ 100f

M. FONTAINE-SOUVERAIN fils, à Dijon (Côte-d'Or).

430. Abri à panneaux mobiles.. 100f 00c

431. Bacs et caisses, la pièce depuis............. 3 00

432. Chalet en bois facile à démonter.............. 200 00

433. Chevalet articulé........ 3f 50c

434. Claies-persiennes, le mètre. 10 00

435. Claies en bois.......... 4 50

436. Clôture en bois fendu, le mètre, depuis....... 0 50

437. Clôture en treillage en bois travaillé......... 2f 00c

438. Coffre-glacier et cave-glacière................ 100 00

439. Échelle en bois rond, le mètre................ 3 00

440. Échelle en bois demi-rond, le mètre............. 3 50

441. Échelle en bois carré, le mètre............... 3 00

442. Échelle double en bois carré, l'échelon....... 1 00

443. Échelle double en bois plat, la marche....... 2 00

444. Échelle formant chaise, la pièce................ 13 00

445. Échelle à coulisse en bois, 2 parties, le mètre.... 6 00

446. Échelle à coulisse en bois, 2 parties, le mètre..... 5 00

447. Échelle à coulisse en bois, 2 parties, le mètre.... 6 00

448. Échelle à coulisse en bois, 3 parties, le mètre.... 7 00

449. Échelle à coulisse pouvant servir d'échelle double, le mètre............. 7 00

450. Échelle à 4 tranformations : simple, double, horizontale et servant d'échafaudage........

451. Égouttoir en bois, la pièce. 10 00

452. Escabeau à bascule, hauteur 0^m 60 et 0^m 75, 11f et.............. 12f 00c

453. Fruitier en bois, monture fer, depuis........... 10 00

454. Gradins-étagères droits ou cintrés, depuis........ 6 00

455. Kiosque en bois découpé, couvert, facile à démonter, depuis........... 400 00

456. Meubles et jeux de jardins : bancs, chaises, fauteuils, tables, etc...........

457. Paillassons-abris pour serres, le mètre, depuis... 2 00

458. Panneaux en perspective, le mètre, depuis 10 00

459. Persiennes en bois avec lames en tôle d'acier, le mètre, depuis........ 10 00

460. Portique de gymnase, facile à démonter (2 grandeurs), la pièce, 130f et 160 00

461. Pieds de bancs doubles, la pièce................ 15 00

462. Scie automatique avec chevalet, la pièce........ 26 00

463. Stores en bois montés avec chaînes, le mètre.. 10 00

464. Treillages, bois carrés ou losangés, pour espaliers, le mètre, depuis...... 1 50

MM. FORGUES frères, à Mirande (Gers).

465. Locomotive routière et à défoncer à deux cylindres Compound, vapeur directe............. 1,800f

466. Charrue automatique à défoncer............. 2,000f

M. GARNIER (J.), à Redon (Ille-et-Vilaine).

467. Machine à battre........ 400f

468. Manège.

469. Machine à battre......... 480

470. Manège.

471. Machine à battre.

472. Manège.

473. Tarare n° 1, ferré à droite... 80f

474. Tarare n° 2, ferré à droite... 70

475. Tarare n° 3, ferré à droite.. 60f
476. Tarare n° 4, ferré à droite.. 50
477. Tarare n° 5, ferré à droite.. 45
478. Tarare n° 1, ferré à gauche.... 80
479. Tarare n° 2, ferré à gauche.... 70
480. Tarare n° 3, ferré à gauche.... 60
481. Tarare n° 4, ferré à gauche.... 50
482. Tarare n° 5, ferré à gauche.... 45
483. Concasseur M n° 1....... 100
484. Concasseur M n° 2....... 75
485. Concasseur C n° 1........ 70
486. Concasseur C n° 2........ 55
487. Concasseur de fiverolles.... 100
488. Hache-paille n° 1......... 80
489. Hache-paille n° 2......... 70
490. Hache-paille n° 3........ 60
491. Hache-paille n° 4........ 50
492. Hache-paille à encliquetage. 120
493. Coupe-racines n° 1, C D P.. 19
494. Coupe-racines n° 2, C D P. 25
495. Coupe-racines n° 3, C D P.. 35
496. Coupe-racines n° 4, C D P. 45
497. Coupe-racines n° 1, C D C.. 35
498. Coupe-racines n° 2, C D C. 30
499. Coupe-racines n° 3, C D C. 60
500. Fouilleuse n° 2, bâti bois... 45f
501. Fouilleuse n° 1, bâti bois... 70
502. Houe à cheval, bâti bois ferré.............. 45
503. Houe à cheval, bâti fer.... 70
504. Paroir en fer............ 35
505. Jeu de 3 herses n° 2, à 3 flèches............. 95
506. Jeu de 3 herses n° 3, à 3 flèches............ 80
507. Jeu de 3 herses n° 4, à 3 flèches............. 80
508. Jeu de 3 herses n° 5, à 3 flèches............. 60
509. Herse à chaînons........ 60
510. Fouloir à vendange, cylindre camailé............. 60
511. Fouloir à vendange différentiel................. 150
512. Pressoir............... 300
513. Houe vigneronne, Cte de la Laurencie............ 120
514. Broyeur d'ajoncs n° 4..... 220
515. Broyeur d'ajoncs n° 5..... 235
516. Broyeur d'ajoncs n° 6..... 360
517. Charrue vigneronne....... 70
518. Moulin à pommes, n° 10.. 75
519. Moulin à pommes, n° 10... 85
520. Bancs et chaises de jardin.
521. Barrières de ferme, 30f à.. 70

M. GILBERT, rue du Faubourg-du-Temple, n° 103, à Paris.

523. Pièges.

M. GUILLOT-PELLETIER, à Orléans (Loiret).

524. Serres et chauffages.

M. GUYOT, à Carcassonne (Aude).

525. Charrues vigneronnes, l'une. 30f
526. Houes pour la culture de la vigne, l'une.......... 60
527. Grappins pour la culture de la vigne, l'un.......... 35f
528. Treuil-vapeur............ 4,000

529. Treuil-manège, n° 1...... 2,000f
530. Treuil-manège, n° 2...... 1,300
531. Treuil-manège à double effet 2,500
532. Charrue double à bascule.. 1,200
533. Charrue défonceuse, 8 bêtes. 500
534. Charrue défonceuse, 6 bêtes. 325
535. Charrue défonceuse, 4 bêtes. 200f
536. Charrue à 2 bêtes........ 100
537. Rouleaux vignerons, l'un.. 120
538. Tombereau vigneron..... 225
539. Pulvérisateur à traction animale................ 600

M. HURTU, à Nangis (Seine-et-Marne).

540. Faucheuse n° 3 à 2 chevaux, avec appareil automatique à 4 râteaux........... 700f
541. Faucheuse à pédale n° 4 avec appareil à moissonner à bras................. 500
542. Faucheuse *Incomparable* n° 2. 400
543. Moissonneuse-lieuse *la Française*................. 1,000
544. Moissonneuse française à 5 râteaux.............. 700
545. Moissonneuse française à 4 râteaux.............. 550
546. Faucheuse n° 3.......... 400
547. Faucheuse à pédale n° 4... 400
548. Faucheuse, cadre acier.... 280
549. Houe-cultivateur n° 1..... 78
550. Houe-cultivateur n° 2..... 78
551. Houe-cultivateur n° 3..... 70f
552. Houe-cultivateur n° 4..... 70
553. Houe-cultivateur n° 5..... 92
554. Houe-cultivateur n° 6. ... 78
555. Houe-cultivateur n° 7..... 75
556. Râteau à cheval, dents doubles, 28 dents......... 220
557. Râteau à cheval, *Lion*, 26 dents.
558. Râteau à cheval, *Lion*, 28 dents.
559. Semoir, 10 rayons, modèle 1895................ 550
560. Semoir à 3 roues, 6 rayons. 330
561. Semoir à engrais, *le Hérisson*................. 450

M. LACROIX, à Caen (Calvados).

562. Locomobile à pétrole, force 6 chevaux............ 6,000f
563. Moteur à pétrole fixe, force 3 chevaux............ 2,800
564. Moteur à pétrole fixe, force 2 chevaux............. 2,200f
565. Moteur à pétrole fixe, force 1 cheval............. 1,900

M. LAFFORGUE (Joseph), à Toulouse (Haute-Garonne).

566. Portails en fer.
567. Portes en fer.
568. Barrières roulantes.
569. Barrières de ferme.
570. Barrières de parc.
571. Barrières pour pâturages.
572. Grilles fixes en fer.
573. Colonnes en fonte pour barrière.
574. Piliers en fer.
575. Pavillons en fer.
576. Serre adossée.
577. Châssis de couche.
578. Coffre mobile démontable.
579. Gradins à fleurs.
580. Piquets en fer.
581. Bancs de jardin, pieds en fer.

582. Chaises et fauteuils en fer.
583. Tables en fer.
584. Brouette avec comporte pour l'arrosage.
585. Palissage en fer pour jardin.
586. Grillages divers.
587. Ronce artificielle.
588. Râteliers en fer.
589. Mangeoires en fonte émaillée.
590. Porte-bouteilles.
591. Égouttoirs.
592. Porte-fûts.

M. LAGARDE (Nelson), à Port-Sainte-Marie (Lot-et-Garonne).

593. Étuve à confire la prune, n° 1 .... 275f
594. Étuve à confire la prune, n° 2 .... 200f

M. LANDREVIE, à Moissac (Tarn-et-Garonne).

595. Émondoirs, de 10 à 30f
596. Sécateurs-greffoirs, de 10 à. 12
597. Sécateurs, de 4 à 10
598. Cueille-fleurs 6
599. Greffoirs américains, de 1 fr. 50 à 4f
600. Pince-bouchons 3
601. Pince-annulaire 3
602. Lot d'instruments d'horticulture.

M. LAPEYRONIE (Joseph), à Aubignac (Lot-et-Garonne).

603. Faucheur *Albion* HR avec appareil moissonneur 500f

M. LAPEYRONNIE, à Bon-Encontre (Lot-et-Garonne).

604. Charrue vigneronne 50f

M. LAPOINTE (Georges), rue Saint-Sébastien, n° 9, à Paris.

605. Rince-bouteilles 30f

M. LARROUMET (Joseph), cours du Quatorze-Juillet, à Agen (Lot-et-Garonne).

606. Machine à greffer sur table 25f

M. LARÈNE, à Agen (Lot-et-Garonne).

607. Sécateurs.
608. Émondeur pour taille des arbres 30f
609. Couteaux à greffer la vigne.

M. LASBATS, à Montauban (Tarn-et-Garonne).

610. Égrenoir à maïs 50f
611. Égrenoir à maïs 40
612. Brouette à sacs 10f
613. Brouette à sacs.

M. LATHOUD aîné, rue de Belleville, n° 38, à Paris.

614. Hachoirs rotatifs.
615. Coutellerie agricole.
616. Machine à graver les étiquettes.
617. Pierres à faux.
618. Affûteurs.
619. Nécessaire agricole.
620. Ustensiles d'éclairage de sûreté.

M. LATHOUD (Auguste), rue du Pressoir, n° 3, à Paris.

621. Marques à chaud et à froid.
622. Marques à moutons.
623. Tondeuse.

MM. LEBOUVIER, MÉNARD et PAPIN, à Botz (Maine-et-Loire).

624. Tarares, 12 modèles, de 42 à 80f

M. LECHEVALLIER (Albert), rue de l'Université, n° 45, à Paris.

625. Affiloir en acier chromé.... 1f
626. Pierre émeri 1
627. Hachoir pour herbes et légumes........ 2
628. Petit pressoir à main...... 2f
629. Coutellerie agricole.
630. Articles de cave.
631. Ciment céramique.

M. LEVASSEUR (Eugène), rue d'Angoulême, n° 70, à Paris.

632. Sécateurs.
633. Greffoirs.

M. LORTET (Jacques), à Gayon (Basses-Pyrénées).

634. Semoirs 120f

M. LOTZ (fils de l'aîné), à Nantes (Loire-Inférieure).

635. Locomobile de 5 à 6 chevaux........ 4,600f
636. Batteuse à grand travail, munie de 2 aspirateurs. 2,400
637. Batteuse en bout vannante munie de 2 aspirateurs. 1,600f

M. LOUBIÈRES à Aiguillon (Lot-et-Garonne).

638. Machine à battre, à manège........ 600f
639. Petit manège........ 200f
640. Fouloir à vendange.... 180

MM. **MABILLE** frères, à Amboise (Indre-et-Loire).

641. Pressoir complet n° 000.. 90f
642. Pressoir complet n° 00... 125
643. Pressoir complet n° 0.... 150
644. Pressoir complet n° 1.... 245
645. Pressoir complet n° 2.... 375
646. Pressoir complet n° 3.... 495
647. Pressoir complet n° 6.... 1,045
648. Presse continue n° 2..... 1,600
649. Presse continue n° 3..... 2,200
650. Fouloir à vendange n° 1.. 110
651. Fouloir à vendange n° 2.. 155
652. Fouloir genre Midi n° 1.. 200
653. Fouloir genre Midi n° 2.. 230f
654. Fouloir genre Midi n° 3.. 240
655. Fouloir-égrappoir n° 1, cylindres en long...... 420
656. Fouloir-égrappoir n° 2, cylindres en long...... 550
657. Fouloir-égrappoir n° 1, cylindres en travers.... 450
658. Fouloir-égrappoir n° 2, cylindres en travers.... 580
659. Petite grue de vendangeoir............... 226
660. Égrappoir simple....... 185

M. **MALRIC** (François), à Gaillac (Tarn).

661. Pulvérisateur, *la Simple*, à dos d'homme........................ 25f

MM. **MANEVILLE** et **VIGUIER**, à Gaillac (Tarn).

662. Nouvelles caisses pour échantillons de vins et spiritueux, à fermeture inviolable.

663. Mêmes caisses pour envoi de prunes sèches de 1 à 5 kilogrammes.

M. **MARCHERON**, à Saint-Pastour (Lot-et-Garonne).

664. Étuve de 80 claies pour sécher les prunes...... 600f

665. Étuve de 40 claies pour sécher les prunes...... 400f

M. **MARLIN**, rue de l'Université, n° 193, à Paris.

666. Romaine-bascule *Marlin*, au 1/100e, mobile, sur tréteau, transportable, démontable et toujours d'aplomb, force 1,000 kilogr................ 276f

667. Romaine-bascule *Marlin*, au 1/100e, mobile, sur tréteau, transportable, démontable et toujours d'aplomb, force 1,500 kilogr............... 387

668. Romaine-bascule *Marlin*, au 1/100e, mobile, sur tréteau, transportable, démontable et toujours d'aplomb, force 2,000 kilogr................ 435f

669. Romaine-bascule *Marlin*, au 1/100e, mobile, sur tréteau, transportable, démontable et toujours d'aplomb, force 1,000 kilogr. et au-dessus, prix divers.

670. Romaine-bascule *Marlin*, au 1/100ᵉ, mobile, sur tréteau, transportable, démontable et toujours d'aplomb, force 1,000 kilogr. et au-dessus, prix divers.

671. Romaine-bascule *Marlin*, au 1/100ᵉ, mobile, sur tréteau, transportable, démontable et toujours d'aplomb, avec élévateur *Marlin*, force 1,000 kil. et au-dessus, prix divers.

672. Romaine *Marlin*, au 1/100ᵉ, force 1,000 kilogr...... 198f

673. Romaine *Marlin*, au 1/100ᵉ, force 1,500 kilogr...... 253

674. Romaine *Marlin*, au 1/100ᵉ, force 2,000 kilogr...... 282

675. Romaine *Marlin*, au 1/100ᵉ, force 3,000 kilogr...... 329

676. Romaine *Marlin*, au 1/100ᵉ, force 4,000 kilogr...... 375

677. Romaine *Marlin*, au 1/100ᵉ, force 5,000 kilogr...... 417

678. Romaine *Marlin*, au 1/100ᵉ et au-dessus, prix divers..

679. Fléau *Marlin*, au 1/10ᵉ, force 200, 300, 500 et 1,000 kilogr., prix divers.

680. Élévateurs *Marlin*, à vis et à encliquetage pour soulever les fardeaux, prix divers.

681. Élévateurs *Marlin*, à excentrique, pour soulever les fardeaux, prix divers.

682. Chape *Marlin*, à leviers dentés et grappins pour accrocher les fûts, prix divers.

683. Monte-charges *Marlin*, mobile, à une manivelle, force 500 kilogr., prix divers.

684. Gerbeuse *Marlin*, mobile, pour engerbage ou chargement des fûts, force 1,000 kilogr., prix divers.

685. Gerbeuses *Marlin*, fixes, pour cuves, bateaux, prix divers.

686. Ponts à gerber *Marlin*.... 15f

687. Machines à boucher les bouteilles.

688. Petit treuil.

MM. MAROT frères et Cie, à Niort (Deux-Sèvres).

689. Trieur n° 1............ 350f
690. Trieur n° 2............ 220
691. Trieur n° 3............ 140
692. Trieur n° 4............ 280
693. Trieur n° 5............ 120
694. Trieur n° 6............ 280
695. Trieur n° 7............ 330
696. Trieur n° 8............ 480
697. Trieur n° 9............ 180
698. Trieur n° 10............ 200
699. Trieur n° 11............ 270f
700. Trieur n° 12............ 330
701. Trieur n° 13............ 320
702. Trieur n° 14............ 370
703. Trieur n° 15............ 520
704. Cribleur à cuscute....... 80
705. Trieur n° 1 à cuscute..... 250
706. Trieur n° 2 à cuscute..... 180
707. Trieur à déchets n° 2..... 270

M. MATHIAN, rue Damesne, n° 25, à Paris.

708. Serres en fer.
709. Châssis maraîchers.
710. Chauffages de serres et de châssis.
711. Vaporisateurs de jus de tabac.
712. Étuves à prunes.

MM. MEUNIER et Cie, boulevard Beaumarchais, n° 27, à Paris.

713. Appareil pour la conservation des levains........................ 250f

M. MEYNOT, à Villeneuve-sur-Lot (Lot-et-Garonne).

714. Lot de batteuses de 35 à 75 centimètres de largeur, de 150 fr. à..... 300f
715. Manèges, de 150 fr. à... 600
716. Ventilateurs, l'un....... 60
717. Faucheuses, l'une....... 400
718. Moissonneuses, l'une..... 650f
719. Machines à vapeur, 8 chevaux................ 8,000
720. Machine à vapeur, 3 chevaux................ 4,500

M. MORTIER, à Vichy (Allier).

721. Plumes spéciales pour écriteaux d'horticulture.

M. NICOLAS (Léon), à Agen (Lot-et-Garonne).

722. Pompe sur brouette...... 210f
723. Pompe sur chariot....... 110
724. Vitrine contenant accessoires divers pour appareil à sulfater les vignes.
725. Appareil à sulfater les vignes.

M. NOËL, rue d'Odessa, n° 9, à Paris.

726. Purificateurs d'air, de 4f 50 à.................. 25f 00c
727. Bondes automatiques, le cent................ 25 00
728. Plaques pour fûts des boissons en fermentation, le cent................ 6 00
729. Siphons pour boissons gazeuses, l'un.......... 4f 00c
730. Appareils de précision pour analyses, l'un........ 3 50

M. PÉJAC (André), à Prayssas (Lot-et-Garonne).

731. Ventilateur s'adaptant aux batteuses.............. 110f
732. Ventilateur à bras....... 80

MM. PELOUS frères, à Toulouse (Haute-Garonne).

733. Treuil à vapeur automobile 4,200f

734. Treuil à vapeur retour mécanique de la charrue, spécial pour coteaux 3,150

735. Treuil combiné à vapeur et à manège 2,250

736. Treuil à vapeur pour 4 chevaux 1,200

737. Treuil à manège pour 2 chevaux 950

738. Charrue à vapeur à bascule ..... de 1,000 à .. 6,000

739. Charrue à treuil 730

740. Charrue à treuil avec déterreur mécanique 850

741. Charrues vigneronnes en acier, l'une 20

742. Charrues vigneronnes ordinaires ..... de 30 à. 35f

743. Charrues vigneronnes, âge régulateur et houlette ..... 60, 70 et. 80

744. Charrue à bisoc 100

745. Charrue à trisoc 110

746. Rouleau vigneron pulvériseur 110

747. Herse vigneronne 60

748. Broyeur d'ajoncs 250

749. Fouloir à vendange 110

750. Pressoir à vin, maie carrée .... 180 à. 800

751. Pressoir à vin, monté sur roues .... 230 à 350

752. Brancards pour charrue ... 20

753. Timon à palonnier cintré .. 15

754. Timon à palonnier droit .. 13

M. PHILIPPE, à Houdan (Seine-et-Oise).

755. Couveuse pour 100 œufs, avec sécheuse, tourne-œufs avec tiroirs et régulateur automatique de chaleur 162f 00c

756. Couveuse pour 50 œufs avec le régulateur *l'Indispensable* 98 00

757. Couveuse-éleveuse pour 25 œufs avec sécheuse tourne-œufs aux tiroirs et le régulateur *l'Indispensable* 65 00

758. Couveuse pour 25 œufs avec sécheuse, tourne-œufs aux tiroirs et le régulateur *l'Indispensable* 50 00

759. Éleveuse pour 125 poussins avec chambre chaude 75 00

760. Gaveuse automatique pour l'engraissement artificiel des volailles ... 100 00

761. Épinette 12 cases pour le service de la gaveuse. 60f 00c

762. Épinette 4 cases pour l'engraissement naturel 22 00

763. Abreuvoir fonte contenant 3 litres 10 00

764. Abreuvoir zinc contenant 5 litres 5 00

765. Abreuvoir zinc contenant 3 litres 4 00

766. Abreuvoir zinc contenant 1 litre 2 00

767. Trémie-buffet pour recevoir le grain des volailles 10 00

768. Trémie-buffet à double effet 12 00

769. Billots à pâtée 0 60

770. Augettes n° 1 pour poussins 1 25

771. Augettes n° 2 pour poussins 2 00

772. Augettes n° 1 adultes... 2f 50c
773. Augettes n° 2 adultes... 3 00
774. Panneaux grillages pour parquer les poussins... 2 00
775. Accessoires pour l'incubation, l'élevage et l'engraissement des volailles.

M. PILOT (Étienne), avenue des Gobelins, à Paris.

776. Microscope agricole.

M. PILTER (Th.), rue Alibert, n° 24, à Paris.

777. Locomotive routière Buffalo........... 10,300f 00c
778. Locomobile compound Garett, n° 0....... 8,150 00
779. Moissonneuse Wood, 2 chevaux........ 725 00
780. Moissonneuse - lieuse Atlantic Wood..... 1,200 00
781. Chariot de transport pour moissonneuse-lieuse Atlantic Wood 80 00
782. Porte-gerbes pour moissonneuse-lieuse Atlantic Wood......... 60 00
783. Faucheuse Wood acier, 2 chevaux........ 425 00
784. Appareil à moissonner pour faucheuse Wood acier, 2 chevaux............ 110 00
785. Faucheuse Wood acier, 1 cheval.......... 400 00
786. Râteau à cheval anglo-américain, 24 dents.. 250 00
787. CharrueOliver n° 13 V avec roue et support............. 66 00
788. Charrue Oliver n° 19 avec roue et support. 68 00
789. Charrue Oliver n° 40 avec avant-train mobile............. 112 00
790. Charrue Oliver n° 70 avec avant-train mobile............. 370 00
791. Houe Pilter - Planet n° 4, sans levier..... 64f 00c
792. Houe Pilter - Planet n° 5, à 1 levier. ... 70 00
793. Houe Pilter - Planet n° 6, à 2 leviers... 78 00
794. Cultivateur n° 4 Pilter-Planet...........
795. Cultivateur n° 5 Pilter-Planet........... 57 00
796. Soc butteur à ailes.. 14 00
797. Soc triangulaire, 20 centimètres....... 2 30
798. Soc triangulaire, 250 millimètres 2 75
799. Soc triangulaire, 300 millimètres 3 00
800. Soc triangulaire, 375 millimètres....... 3 30
801. Lames pour houe à betteraves, la paire.. 6 00
802. Lames pour allées de parcs, la paire..... 8 50
803. Semoir Garett, 9 rangs avec avant-train.... 815 00
804. Herse Howard simplex Th. P. 14........ 92 00
805. Herse Howard à chaînons 2 W........ 115 00
806. Fourneau économique Th. P. 8.......... 142 00
807. Hache-paille Th. P 00. 65 00
808. Hache-paille Th. P 10. 80 00
809. Hache-paille Th. P. 13 B........... 148 00

810. Hache-paille Th. P. 13 C. 200f 00c

811. Concasseur de grains Th. P. 1 C. 90 00

812. Concasseur de grains Th. P. 2 M. 115 00

813. Coupe-racines disque plat, n° 1. . . . . 20 00

814. Coupe-racines disque plat, n° 3. . . . . 35 00

815. Coupe-racines disque cône, n° 6. . . . . 40 00

816. Coupe-racines à grand travail Th. P. 10. . . 170 00

817. Pompe à main. 24 00

818. Pompe 120 n° 4. . . . . 34 00

819. Pompe 264 n° 4. . . . . 38 00

820. Pompe 209 n° 1. . . . . 68 00

821. Bélier hydraulique, n° 2. . . . . 55 00

822. Tondeuse de gazon Th. P. 2. . . . . 45 00

823. Tondeuse de gazon Th. P. 3 . . . . 55 00

824. Houe à bras à 2 roues combinées 50 00

825. Semoir à bras Planet. . 55 00

826. Pulvérisateur Pilter-Chamberd à cheval. . 450 00

827. Pulvérisateur Pilter Bourdil 36 00

828. Jet n° 2, pour pulvérisation fine. 2 50

829. Jet n° 3, pour arbres fruitiers. 2 50

830. Pompe à vin n° 7, complète 265 00

831. Écrémeuse Alpha colibri, à bras, débit 75 litres. 235 00

832. Écrémeuse Alpha Baby de Laval, débit 150 litres. 450 00

833. Écrémeuse Alpha B, de Laval, débit 300 litres 750 00

834. Baratte à disque, 9 litres 68f 00c

835. Pied pour baratte. . . . 15 00

836. Sécheur pour baratte. . 16 00

837. Baratte à disque, 9 litres, en verre. 100 00

838. Malaxeur TH P, 5, bâti bois. 135 00

839. Pot à lait, 1 litre, modèle F. 2 10

840. Pot à lait, 2 litres, modèle F. 3 15

841. Pot à lait, 5 litres, modèle F. 5 25

842. Pot à lait, 10 litres, modèle F. 9 30

843. Pot à lait, 20 litres, modèle Paris. 14 00

844. Pot à lait, 20 litres, modèle F. 12 00

845. Pot à lait, 20 litres, modèle déposé. 15 00

846. Couteau à beurre 1 60

847. Papier spécial pour beurre.

848. Spatules pour le beurre, B. 1 00

849. Spatules pour le beurre, C. 1 50

850. Spatules pour le beurre, D. 2 00

851. Spatules pour le beure, E. 2 25

852. Spatules pour le beurre, F 2 00

853. Spatules pour le beurre, G. 2 00

854. Spatules pour le beurre, H. 2 50

855. Spatules pour le beurre, I. 2 65

856. Baquet cèdre blanc, n° 9. . . . . 3 00

857. Baquet cèdre blanc, n° 8 . . . . 3 15

858. Batteuse américaine Buffalo. 4,100 00

859. Élévateur de paille pour Buffalo....... 200f 00c
860. Ensacheur pour Buffalo............. 165 00
861. Charrue Olivier A 2, à 2 mancherons.... 31 00
862. Charrue Olivier A 4.. 40f 00c
863. Charrue Olivier B V.. 48 00
864. Charrue Olivier 8 V.. 48 00
865. Charrue Olivier 13 V. 56 00
866. Charrue Olivier A 2, à un mancheron.... 31 00

M. PLÉNEAU (Paul), cour d'Alsace et Lorraine à Bordeaux (Gironde).

867. Faucheuse à 2 chevaux.... 400f
868. Faucheuse à 1 cheval..... 375
869. Faneuse Tautnon........ 500
870. Faneuse à fourches....... 450
871. Râteau Blakstone........ 300
872. Râteau Turner.......... 500
873. Hache-paille, l'un........ 150
874. Concasseurs, l'un........ 130
875. Coupe-racines, l'un...... 120
876. Pompes, l'une.......... 150
877. Batteuse à manège, l'une.. 400
878. Fouloir égrappoir........ 300f
879. Fouloir simple.......... 200
880. Pressoir en fer, n° 1...... 500
881. Pressoir en fer n° 2....... 650
882. Pressoir en bois complet... 700
883. Vis de pressoir, l'une..... 140
884. Broyeurs de sarments..... 150
885. Broyeurs d'ajoncs........ 140
886. Instruments divers : charrues, houes, etc.
887. Trieurs, cribleurs, l'un... 150

M. PRIVAT, Grande rue Saint-Michel, à Toulouse (Haute-Garonne).

888. Pasteurisateur demi-fixe pour chauffage des vins.. 800f
889. Filtre à pression miniature pour ménage.......... 25
890. Filtre à pression 00, 200 litres par heure........ 150
891. Filtre à pression 0, 400 litres par heure......... 225
892. Filtre à pression 1, monté sur chariot, 500 litres par heure............ 350f
893. Filtre à pression 3, monté sur chariot, 1,400 litres par heure............ 925

M. PUJOS (Justin), à Pouy-Roquelaure (Gers).

894. Nouveau raidisseur Pujos pour fil de fer et ronce artificielle, le mètre... 120f 00c
895. Poteaux en fil de fer à T cimenté, avec poulie................ 0 80
896. Poteaux en fil de fer à T cimenté, sans poulie................ 0 65
897. Charrue à bras pour culture maraîchère...... 18f 00c
898. Charrue à bras pour culture maraîchère, avec pique............ 20 00
899. Charrue vigneronne.... 30 00
900. Charrue vigneronne, avec pique......... 35 00
901. Bineuse vigneronne..... 35 00

MM. PUZENAT (Émile) et Fils, à Bourbon-Lancy (Saône-et-Loire).

902. Râteau automatique système *Le Lion*, à 24 dents, roues de 1m 40, muni de la nouvelle barre flexible. 260f

903. Râteau automatique système *Le Lion*, à 26 dents, roues de 1m 40, muni de la nouvelle barre flexible. 270

904. Râteau automatique système *Le Lion*, à 28 dents, roues de 1m 40, muni de la nouvelle barre flexible.. 280

905. Râteau automatique système *Le Lion*, à 28 dents, roues de 1m 50, muni de la nouvelle barre flexible. 305

906. Râteau automatique système *Le Tigre*, à 26 dents, roues de 1m 38........ 160

907. Râteau automatique *L'Intermédiaire*, tout fer et acier.. 170

908. Faneuse *Le Progrès*, capote ondulée n° 1, grand modèle à double effet...... 430

909. Nouvelle faneuse à fourches articulées (création 1895.)............... 350

910. Nouveau distributeur d'engrais pulvérulents *Le Soleil*, spécialement construit pour la vigne, larg. 0m90 (création 1895).... 305

911. Nouveau distributeur d'engrais pulvérisés *Le Soleil*, semant aussi à la volée toute espèce de grains et graines, création 1894-1895, n° 1, larg. 2m 50, breveté s. g. d. g........ 450

912. Extirpateur scarificateur *l'Universel*, larg. 0m 70, à 5 lames, 1 levier pour petite culture.............. 110

913. Extirpateur scarificateur *l'Universel*, larg. 0m 80, à 5 lames, 1 levier pour petite culture.......... 130

914. Extirpateur scarificateur *l'Universel*, larg. 0m 90, à 5 lames, 1 levier pour petite culture.......... 170f

915. Extirpateur scarificateur *l'Universel*, larg. 1m 00, à 7 lames, 1 levier combiné, pour moyenne culture................ 216

916. Extirpateur scarificateur *l'Universel*, larg. 1m 10, à 7 lames, 3 leviers combinés pour grosse culture.. 234

917. Extirpateur scarificateur *l'Universel*, larg. 1m 20, à 7 lames, 3 leviers combinés pour la grosse culture................ 266

918. Nouvelle houe *l'Européenne*, fig. 3 *bis*, spéciale pour la culture de la vigne...... 80

919. Nouvelle houe *l'Européenne*, fig. 7 *bis*, spéciale pour la culture de la pomme de terre................ 95

920. Nouvelle houe *l'Européenne*, fig. 19 *bis*, spéciale pour la culture de la betterave.. 75

921. Nouvelle houe *l'Européenne*, fig. 3 *ter*, spéciale pour la culture de la vigne (création 1896)........ 73

922. Nouvelle charrue *l'Algérienne*, n° 1, tout fer et acier................ 40

923. Nouvelle charrue déchaumeuse enfouisseuse à 4 socs acier, à bec renforcé, n° 1................ 180

924. Nouvelle herse tout acier *la Couleuvre*, type n° 1, fil 16 mil., 14 sections, pour gros hersages...... 90

925. Nouvelle herse tout acier, *la Couleuvre*, type n° 2, 6 rangs, fil 11 mil., véritable démousseuse...... 99

926. Nouvelle herse tout acier, *la Couleuvre*, type n° 2, 8 rangs, fil 11 mil., véritable démousseuse...... 145f

927. Nouvelle herse tout acier, *la Couleuvre*, type n° 3, 8 rangs, fil 11 mil., véritable démousseuse et sarcleuse................ 187

928. Nouvelle herse tout acier, *la Couleuvre*, type n° 4, 9 rangs, fil 11 mil., véritable sarcleuse........ 128

929. Nouvelle herse tout acier, *la Mignonne*, 3 rangs, modèle à main, spéciale pour l'entretien des allées de parcs et jardins..... 30

930. Nouvelle herse tout acier, *la Mignonne*, 4 rangs, modèle à main, spéciale pour l'entretien des allées de parcs et jardins...... 45

931. Nouvelle herse tout acier, *la Mignonne*, 5 rangs, force 1 cheval, spéciale pour l'entretien des allées de parcs et jardins...... 52

932. Nouvelle herse tout acier, *la Mignonne*, 6 rangs, force 1 cheval, spéciale pour l'entretien des allées de parcs et jardins...... 60

933. Nouvelle herse à hérissons à 3 compartiments, largeur 2m40, force 2 chevaux 110

934. Herse à chaînons, force 1 cheval, fonte pointes trempées, modèle E, 6 rangs 60

935. Herse articulée équilibrée de forme en Z, n° 2, à 4 compartiments de 2 flèches, modèle combiné.. 93

936. Herse articulée équilibrée de forme en Z, n° 4, à 4 compartiments de 2 flèches, modèle combiné.. 83

937. Herse articulée équilibrée de forme en Z, n° 5, à 4 compartiments de 2 flèches, modèle combiné.. 68f

938. Herse articulée équilibrée de forme en Z, n° 6, à 4 compartiments de 2 flèches, modèle combiné.. 63

939. Herse articulée équilibrée de forme en Z, n° 2, à 3 compartiments de 3 flèches, modèle *C*....... 105

940. Herse articulée équilibrée, de forme en Z, n° 3, à 3 compartiments de 3 flèches, modèle *C*...... 100

941. Herse articulée équilibrée, de forme en Z, n° 4, à 3 compartiments de 3 flèches, modèle *C*...... 90

942. Herse articulée équilibrée, de forme en Z, n° 4, à 2 compartiments de 3 flèches, modèle *C*...... 60

943. Herse articulée équilibrée, de forme en Z, n° 4, à 4 compartiments de 3 flèches, modèle *C*....... 125

944. Herse articulée équilibrée, de forme en Z, n° 5, à 3 compartiments de 3 flèches, modèle *C*....... 78

945. Herse articulée équilibrée, de forme en Z, n° 6, à 3 compartiments de 3 flèches, modèle *C*....... 64

946. Paroir à cheval avec râteau pour ratissage des allées de parcs et jardins...... 40

947. Traineau 4 roues, fer forgé, pour le transport des herses, charrues, etc.... 40

948. Pressoir *Canadien*, maie en fonte, à leviers multiples, vis 50 mil........ 160

949. Palonnier, fer creux, force 2 chevaux 30

950. Lames dechaumeuses n° 15 pour la transformation des extirpr *l'Universel*, l'une... 6 50

M. RENAUD (Adrien), rue Constantine, n° 14, à Lyon (Rhône).

951. Greffoir Renaud........ 20f
952. Grefloir Renaud........ 2
953. Greffoir-sécateur........ 14
954. Sécateur Pulliat......... 7
955. Pince à bouchons....... 5f
956. Inciseur de Follenay..... 8
957. Pince-sève Renaud...... 5
958. Guillotine à bouchons.... 15

M. REYGASSE, à Lavardac (Lot-et-Garonne).

959. Locomobile, machine à vapeur, mouvement rotatif système Siltz, chaudière à retour de flamme, force 10 chevaux.......... 6,500f
960. Scierie locomobile, 8 à 10 chevaux........... 3,500f

M. RIBES, à Monflanquin (Lot-et-Garonne).

961. Étuve à prunes et divers.................................. 350f

M. RIGAUD (Guillaume), à Aiguillon (Lot-et-Garonne).

962. Charrue pour arracher le chanvre........................ 150f

M. ROFFO, place Voltaire, n° 8, à Paris.

963. Faucheur *Bamlett* n° 3... 575f
964. Faucheur *Bamlett* n° 4... 550
965. Faucheur *Bamlett* n° 5... 550
966. Faucheur *Bamlett* n° 6... 500
967. Appareil à moissonner *Bamlett*.............. 100
968. Râteau *Bamlett*, 24 dents. 300
969. Houe américaine sans levier................ 60
970. Houe américaine à 1 levier................ 70f
971. Houe américaine à 2 leviers............... 78
972. Charrue à vigne n° 34... 31
973. Charrue à vigne n° 31... 60
974. Charrue à vigne n° 35... 70

M. ROUSSET (Maurice), Nîmes (Gard).

975. Pompe à vin fonctionnant au moteur........... 1,100f
976. Pompe à vin fonctionnant à bras.............. 225
977. Pulvérisateurs à grand travail, sur bât........ 395
978 Pulvérisateurs à dos d'homme............ 40f
979. Moulin à vent avec charpente et pompe....... 650
980. Chaudières pour échaudeuses de la vigne, à suspensions multiples.. 325

MM. SATRE fils aîné et Cie, quai Rambaud, n°s 8 et 9, à Lyon (Rhône).

981. Fouloir-pressoir continu, hélicoïdal, système Morineau ... 1,200 à 2,100^f

M. SÉRIÈS, à Moirax (Lot-et-Garonne).

982. Joug à bœufs............ 10^f
983. Fourches à gerbes .... 4^f

SOCIÉTÉ GÉNÉRALE MEULIÈRE, à Domme (Dordogne).

984. Meules à moulin, l'une... 1,500^f
985. Convertisseur pour finir les gruaux de froment.
986. Bluterie ronde.
987. Nettoyeur complet.

SOCIÉTÉ GÉNÉRALE MEULIÈRE, à la Ferté-sous-Jouarre (Seine-et-Marne).

988. Nettoyeur complet pour petit moulin.......... 200^f
989. Appareil à 2 cylindres lisses, convertissage des gruaux.............. 1,300^f
990. Meules en pierre, l'une... 400

M. SOUCHU-PINET, à Langeais (Indre-et-Loire).

991. Charrues fouilleuses ramenant le sous-sol à la surface.
992. Charrues fouilleuses à 2 et 3 socs remuant le sous-sol sans le ramener à la surface.
993. Charrue rigoleuse.
994. Charrues-arrache-pommes de terre.
995. Charrues ordinaires à 1 et 2 roues.
996. Charrues araires, âge et mancherons en fer.
997. Charrue pour arracher le chanvre.
998. Trisocs à socs à 2 âges et à 2 roues.
999. Trisocs à 1 âge à socs ordinaires.
1000. Trisocs à 1 âge à pointes mobiles.
1001. Trisocs-vignerons à transformation.
1002. Bisocs-vignerons à expansion.
1003. Bisocs-vignerons à socs.
1004. Bisocs-vignerons à pointes mobiles.
1005. Charrues ordinaires à socs.
1006. Charrues ordinaires à pointes mobiles.
1007. Charrues vigneronnes à roues.
1008. Charrues vigneronnes (modèle léger) à socs et à pointes mobiles.
1009. Charrues vigneronnes à levier.
1010. Charrues vigneronnes à socs ordinaires.
1011. Charrues vigneronnes à pointes mobiles.
1012. Charrues vigneronnes à socs et à pointes mobiles.
1013. Charrues vigneronnes, versoirs mobiles.
1014. Charrues-tourne-oreille.
1015. Butteurs à expansion mécanique à levier.
1016. Butteurs à expansion ordinaire.
1017. Houes à expansion mécanique à levier.
1018. Houes à expansion pour toutes plantes en ligne.
1019. Extirpateurs-scarificateurs à levier.

1020. Houes-cultivateurs pour toutes plantes en ligne.

1021. Corps de butteurs à levier mécanique s'adaptant à la charrue vigneronne.

1022. Corps de butteurs à expansion s'adaptant à la charrue vigneronne.

1023. Corps rechausseur s'adaptant à la charrue vigneronne.

1024. Corps de scarificateurs s'adaptant à la charrue vigneronne.

1025. Corps d'extirpateurs scarificateurs.

1026. Corps d'extirpateurs à 3 et 5 couteaux.

1027. Corps-butteur bineur.

1028. Corps de râtissoire bineuse à pointe mobile.

1029. Corps-arrache pommes de terre.

1030. Corps de houes à betterave.

1031. Corps de herses pour vignes.

1032. Corps de scarificateurs pour vignes.

1033. Corps de houes pour plantes en lignes.

1034. Corps de bisocs à socs.

1035. Corps de bisocs à pointes mobiles.

1036. Harnais viticoles.

1037. Paroirs de charrues vigneronnes.

1038. Paroirs de houes.

1039. Couteaux bineurs s'adaptant aux extirpateurs.

1040. Petit corps de butteur s'adaptant à toutes les houes.

1041. Socs triangulaires s'adaptant à toutes les houes.

1042. Rouleaux à vignes compresseurs à brancard pour 1 cheval.

1043. Rouleaux Croskill à vignes à avant-train s'attelant avec palonnier.

1044. Houes-extirpateurs à 3, 5, 7 et 9 couteaux à levier.

1045. Houes-cultivateurs à 2 leviers à expansion mécanique à transformation.

1046. Houes-herses à expansion mécanique à levier.

1047. Houes-herses vigneronnes à expansion ordinaire.

1048. Extirpateurs-vignerons à 3, 5 et 7 couteaux.

1049. Scarificateurs-cultivateurs à 2 leviers à transformation.

1050. Houes déchausseuses à levier.

1051. Houes-cultivateurs à couteaux multiples.

1052. Extirpateurs à transformation à 2 leviers.

1053. Houes à butteurs.

1054. Houes à 3 couteaux pour toutes plantes en ligne.

1055. Houes à betteraves à 3 et 5 couteaux.

1056. Houes-scarificateurs, griffe à 5 et 7 dents.

1057. Versoirs de houes s'adaptant à toutes les houes.

1058. Griffon-vigneron (bineur à transformation.)

1059. Houe-cultivateur simple à 5 socs.

1060. Houes-cultivateurs à leviers, à versoirs déchausseurs et butteurs.

1061. Herses vigneronnes.

1062. Collection de herses articulées à 2, 3 et 4 fleches de 1 à 4 chevaux.

1063. Paroirs à râteaux pour allées de parcs et jardins.

1064. Paroirs sans râteaux pour vignes.

1065. Paroirs à bras.

1066. Paroirs à double effet.

1067. Rouleaux à bras pour jardins.

1068. Traineaux de charrue.

1069. Traîneaux de trisocs.

1070. Traîneaux de houe.

1071. Brancards pour charrues vigneronnes.

1072. Collection de barattes mécaniques en verre, grès et bois.

1073. Collection de bineuses à mains.

MM. TAUFFLIER ET CHAUSSARD, à Issoudun (Indre).

1074. Clôtures pour bœuf, avec ronce et fil de fer.
1075. Clôtures pour chevaux, avec câble rond et plat.
1076. Clôtures anglaises pour herbages.
1077. Clôtures pour vignes et jardins.
1078. Clôtures en grillage mécanique.
1079. Clôtures de chasse.
1080. Ronces artificielles pour clôtures.
1081. Fil en acier câblé pour clôtures.
1082. Cordes ou câbles ronds en fil d'acier pour clôtures.
1083. Câbles plats en fil d'acier pour clôtures.
1084. Poteaux raidisseurs à pose sans scellement, pour vignes, clôtures, etc.
1085. Supports à pose sans scellement, pour vignes, clôtures, etc.
1086. Palissage en fer pour vignes.
1087. Palissage en fer pour jardins.
1088. Tuteurs de rosiers.
1089. Claies en fer pour parcs à moutons.
1090. Parc roulant pour moutons, chèvres, etc.
1091. Barrière pivotante et roulante.
1092. Portes de ferme.
1093. Série de portes et grilles agricoles.
1094. Piliers et montants en fer pour porte.
1095. Poulaillers, volières et chenil.
1096. Grillage mécanique.
1097. Ponts économiques pour voitures.
1098. Passerelles.
1099. Tondeuses de gazon.
1100. Portes et croisées d'écurie en fer.
1101. Corbeilles et râteliers droits en fer.
1102. Châssis de couches et de serres.
1103. Kiosques en fer.
1104. Tente agricole.
1105. Raidisseurs.
1106. Brouette agricole démontable.
1107. Brouette agricole autoverseuse.
1108. Cabrouet agricole.
1109. Supports pointus économiques pour vignes et clôtures.
1110. Tonnelle viticole.

M. TEISSIER (Charles), rue du Chalet, n° 8, à Paris.

1111. Machine à boucher les bouteilles, n° 1 .... 25f
1112. Machine à boucher les bouteilles, n° 2 35
1113. Machine à boucher, *la Coquette*, en acier et nickel, n° 1 5
1114. Machine à boucher *la Coquette*, en acier et nickel, n° 2 8
1115. Rinceuse à 2 jets 45f
1116. Rinceuses à main, nouveau système perfectionné, de .... 2f 50 à 36
1117. Robinet et entonnoir automatique, de .. 2f 50 à 15
1118. Articles divers pour caves.
1119. Décanteur.
1120. Tire-bouchons nouveau système.

M. THÉMAR fils, rue Morand, n° 14, à Paris.

1121. Machine à boucher les bouteilles, n° 1 .... 12f
1122. Machine à boucher les bouteilles, n° 3 .... 20f

1123. Machine à boucher les bouteilles, n° 5 .... 35f
1124. Nouvelle machine avec compression latérale l'*Eurêka*................ 45
1125. Pieds en fer forgé pour machine à boucher.... 6
1126. Soutireur à bascule...... 8f
1127. Mâche-bouchons........ 3
1128. Tire-bouchon à levier.... 3
1129. Articles divers de cave.

M. TISSANDIER, à Agen (Lot-et-Garonne.)

1130. Locomobile de 4 chevaux, à pétrole...... 4,600f
1131. Batteur à blé, double nettoyage et monte-paille. 1,200
1132. Batteuse à balais....... 180
1133. Moulin pour concasseur. 350
1134. Faucheuse moissonneuse combinée.. { faucheuse 425f / moissonneuse 100 }
1135. Turbine Tissandier à palettes articulées...... 50

M. TOUTAIN (Honoré), passage d'Austerlitz, n° 1 *bis*.

1136. Lot de pièges divers pour la destruction des animaux rongeurs.

MM. TRINQUECOSTE et RICARD, à Toulouse (Haute-Garonne).

1137. Machine dite *Roue de puits* pour irrigations.. 150f
1138. Pompe à chaîne, à bras et à manège 230
1139. Pompe à chaîne, borne-fontaine............. 120
1140. Pompe à chaîne, sur bâti ouvert.............. 80f
1141. Pompe apirante directe... 40
1142. Pompe aspirante élévatoire............... 80

M. TRUSSON (Jean), rue de l'Abondance, à Lyon (Rhône).

1143. Raboteuse en acier pour aiguiser les instruments tranchants....... 2f

M. TURON, à Puymiclan (Lot-et-Garonne).

1144. Charrue ordinaire.................................. 75f

M. VERDUN, à Lectoure (Gers).

1145. Ventilateur à cylindre.... 1f 30c
1146. Vanneur large, n° 2, grille plate................ 0 70
1147. Vanneur étroit, n° 3, grille plate 0 65
1148. Vanneur étroit, n° 4, grille plate........... 0f 45c
1149. Égrenoir pour maïs grand modèle.
1150. Égrenoir pour maïs petit modèle.

M. VIAUD, à Barbezieux (Charente).

1151. Lot de charrues, de 65 à 600f
1152. Lot de herses, de 30 à... 110
1153. Lot de semoirs......... 200
1154. Lot de pressoirs, de 500 à.................. 800f
1155. Lot de houes à vignes.... 110

M. VOITELLIER, à Mantes (Seine-et-Oise).

1156. Couveuse artificielle n° 1 ... 50f 00c
1157. Couveuse artificielle n° 2 ... 100 00
1158. Couveuse artificielle n° 3 ... 120 00
1159. Couveuse artificielle n° 4 ... 160 00
1160. Thermo-siphon pour le chauffage de toutes couveuses.......... 40 00
1161. Thermomètres régulateurs pour couveuses. 10 00
1162. Casiers tourne-œufs, depuis............ 1 50
1163. Ovoscope........... 3 00
1164. Mère artificielle n° 1... 30 00
1165. Mère artificielle n° 2... 50 00
1166. Mère artificielle n° 3.. 60 00
1167. Mère artificielle n° 4... 75 00
1168. Sécheuse artificielle n° 1. 25 00
1169. Sécheuse artificielle n° 2. 35 00
1170. Sécheuse artificielle n° 3. 40 00
1171. Sécheuse artificielle n° 4. 50 00
1172. Sécheuse mère artificielle.
1173. Panneaux de grillage.
1174. Boîte à élevage....... 50 00
1175. Petite éleveuse........ 22 00
1176. Cage pliante......... 35 00
1177. Bacs à boire, depuis... 1 50
1178. Trémies autoclaves.... 8 00
1179. Trémies à arceaux.... 2 50
1180. Augettes, depuis...... 2 00
1181. Billots à pâtée........ 1 90
1182. Nourriture spéciale pour poussins, le kilogr... 1 00
1183. Œufs en verre....... 0 25
1184. Pigeonnier.......... 15 00
1185. Cabanes à canards, depuis............ 20f 00c
1186. Bassin à canetons..... 6 00
1187. Épinettes pour l'engraissement des volailles.. 6 00
1188. Entonnoirs pour l'engraissement des volailles............. 1 50
1189. Farine spéciale pour l'engraissement des volailles, le kilogr..... 0 50
1190. Gaveuse mécanique, système Voitellier, pour 6 volailles......... 120 00
1191. Gaveuse mécanique, système Voitelier, pour 12 volailles........ 180 00
1192. Pompe et seau à pâtée. 60 00
1193. Poulailler mobile démontable............. 200 00
1194. Poulailler portatif non démontable, dessous non clos........... 80 00
1195. Poulailler portatif non démontable, dessous clos............... 100 00
1196. Panneaux pour parc mobile, depuis...... 6 00
1197. Faisanderie mobile.... 60 00
1198. Poulailler *Simplex*..... 70 00
1199. Poulailler des villas.... 200 00
1200. Cabane à lapins 30 00
1201. Niches à chien, depuis. 30 00
1202. Machine à fabriquer le le grillage......... 200 00
1203. Grillages mécaniques.. 0 30
1204. Grilles en fer pour chenils, depuis........ 8 00

MM. R. WALLUT et Cie, Boulevard de la Villette, n° 168, à Paris.

1205. Faucheuse Mc Cormick, 2 chevaux......... 425f
1206. Moissonneuse Mc Cormick *Daisy*......... 700
1207. Moissonneuse-lieuse Mc Cormick.......... 1,200f
1208. Moteur à pétrole 2 chevaux 1/2........... 2,800

1209. Moteur à pétrole locomobile 3 chevaux 1/2. 4,600f

1210. Moulin rapide n° 00... 125

1211. Moulin rapide n° 1... 250

1212. Hache-paille R 58..... 120

1213. Cultivateur canadien... 350

1214. Coupe-racines n° 1, disque.......... 20

1215. Coupe-racines n° 2, disque.......... 30

1216. Coupe-racines n° 5, disque.......... 40

1217. Coupe-racines n° 4, disque.......... 50

1218. Coupe-racines n° 5, disque.......... 60

1219. Coupe-racines n° 1, conique.......... 45

1220. Coupe-racines n° 2, conique.......... 55

1221. Coupe-racines n° 3, conique.......... 70

3^E DIVISION.

PRODUITS AGRICOLES

ET MATIÈRES UTILES À L'AGRICULTURE.

I. — EXPOSANTS PRODUCTEURS.

1re SECTION. — Produits présentés par des agriculteurs exploitant 30 hectares et au-dessus.

M. le baron D'ALEXANDRY D'ORENGIANI (Humbert), à Lisse (Lot-et-Garonne).

1. Vin rouge Cabernets-Castets 1895, l'hectolitre........ 40^f 00^c
2. Vin rouge Cabernet-Castets 1893, la bordelaise...... 1^f 25^c

M. BELMONT (Paul), à Esparsac (Tarn-et-Garonne).

3. Vins rouges 1895, l'hectol. 40^f 00^c
4. Vins blancs, l'hectol...... 45 00
5. Pruneaux 1896.
6. Blé.
7. Seigle.
8. Orge.
9. Avoine.
10. Épeautre.
11. Maïs.
12. Pommes de terre.
13. Betteraves.
14. Carottes.
15. Navets.
16. Trèfle.
17. Luzerne.
18. Sainfoin.
19. Plants de vignes avec leurs fruits.
20. Fruits frais.

M. BONGRAT (Émile-Jean), à Négrepelisse (Tarn-et-Garonne).

CÉRÉALES.

21. Blé Poulard à 6 rangs, les 100 kilogr............ 18^f 50^c
22. Blé Bernède, les 100 kilogr. 19^f 00^c
23. Blé dit de Jérusalem, les 100 kilogr........... 18 00

24. Blé Hallett, les 100 kilogr. 19f 00c
25. Blé Victoria d'automne, les 100 kilogr. 19 00
26. Blé Nursery, les 100 kil. . 19 00
27. Blé Poulard d'Australie, les 100 kilogr. 18 50
28. Blé Golden-drop, les 100 kilogr. 19 00
29. Blé gris de Saumur, les 100 kilogr. 19 00
30. Blé Dattel, les 100 kilogr. 19 00
31. Blé de challanges, les 100 kilogr. 19 00
32. Blé Chiddam d'automne, les 100 kilogr. 19 00
33. Blé Prince-Albert, les 100 kilogr. 19 00
34. Blé rouge de Saint-Laud, les 100 kilogr. 19 00
35. Blé rouge de Hongrie, les 100 kilogr. 19 00
36. Blé barbu à gros grains, les 100 kilogr. 19 00
37. Blé Roussillon, les 100 kilogr. 19 50
38. Blé hybride Bordier, les 100 kilogr. 19 00
39. Blé gris velouté, les 100 kilogr. 19 00
40. Blé bleu de Noé, les 100 kilogr. 19 00
41. Blé rouge inversable de Bordeaux, les 100 kilogr. 19 00
42. Blé barbu du Quercy, les 100 kilogr. 19 50
43. Blé fin du pays, précoce, les 100 kilogr. 19 50
44. Seigle d'hiver, les 100 kilogr. 11 00
45. Orge d'automne et de printemps, les 100 kilogr. . . 15 00
46. Sorgho, l'hectolitre. 8 00
47. Maïs gros jaune, les 100 kilogr. 12 00
48. Maïs à poulet, jaune, les 100 kilogr. 12 50
49. Maïs à poulet, blanc, les 100 kilogr. 12f 50c
50. Maïs gros blanc, les 100 kilogr. 12 00
51. Maïs Improved King Philip, les 100 kilogr. 12 00
52. Sarrazin commun et sarrazin émarginé, les 100 kilogr. 12 25
53. Avoine blanche de Sibérie, les 100 kilogr. 17 00
54. Avoine blanche du Liban, les 100 kilogr. 17 00
55. Avoine de Ligowo, les 100 kilogr. 17 50
56. Avoine de Pologne, les 100 kilogr. 17 00
57. Avoine grise d'hiver, les 100 kilogr. 16 75
58. Avoine noire de Brie, les 100 kilogr. 17 25
59. Avoine noire de Hongrie, les 100 kilogr. 17 00
60. Avoine Jeannette, les 100 kilogr. 17 00
61. Avoine noire de Californie, les 100 kilogr. 17 00
62. Avoine grise de Champagne, les 100 kilogr. . . . 16 75
63. Avoine Duppau, les 100 kilogr. 17 00
64. Avoine de l'Oderbruk, les 100 kilogr. 17 00
65. Avoine noire de Picardie. les 100 kilogr. 17 00
66. Avoine Milton, les 100 kilogr. 17 00
67. Avoine Milton améliorée, les 100 kilogr. 17 50
68. Avoine grise du pays, les 100 kilogr. 17 00
69. Avoine Balaklava, les 100 kilogr. 17 00
70. Avoine Écosse de Peptovin, les 100 kilogr. 17 00
71. Avoine Clyderdale, les 100 kilogr. 17 00

72. **Avoine blanche unilatérale, les 100 kilogr.** . . . . 17^{f} 25^{c}

73. **Avoine blanche de Russie, les 100 kilogr.** 17 00

74. **Avoine Bæstihorn, les 100 kilogr.** 17 00

75. **Avoine abondance, les 100 kilogr.** 17 00

76. **Avoine de Probsteï, les 100 kilogr.** 17 00

77. **Avoine de Thuringe, les 100 kilogr.** 17 00

78. **Avoine grise de Houdan, les 100 kilogr.** 17 25

79. **Avoine de Tartarie, les 100 kilogr.** 17 00

80. **Colza, les 65 kilogr.** 15 00

81. **Chanvre.**

82. **Lin, les 100 kilogr.** 22 50

83. **Millet, les 100 kilogr.** 19 50

84. **Millet à chandelle, les 100 kilogr.** 19 00

85. **Béchena.**

FOURRAGES.

86. **Maïs fourrage.**

87. **Seigle fourrage.**

89. **Orge fourrage.**

89. **Vesce d'hiver.**

90. **Vesce de printemps.**

91. **Vesce velue.**

92. **Gesse fourrage ou jarosse.**

93. **Luzerne, 1re, 2e et 3e coupes, les 50 kilogr.** . . . . . . 3^{f} 00

94. **Trèfle commun, les 50 kilogr.** 2 00

95. **Trèfle incarnat, hâtif, tardif et extra-tardif, les 50 kilogr.** 2 00

96. **Sainfoin commun et sainfoin à 2 coupes, les 50 kilogr.** 2 00

97. **Plantes des prairies naturelles, les 50 kilogr.** 3 75

98. **Moha.**

99. Chou fourrage.

100. Consoude rugueuse du Caucase.

101. Polygonum.

PLANTES LÉGUMINEUSES ET MARAÎCHÈRES.

102. Fève ordinaire, les 65 kil. 13^{f} 50^{c}

103. Fève à longue cosse de Séville, les 65 kilogr. . . . 14 00

104. Fève quarantaine, les 65 kil. 13 50

105. Féverolle, les 100 kilogr. 18 50

106. Pois caractacus.

107. Pois Michaut de Hollande.

108. Pois express.

109. Gesse cultivée.

110. Pois chiche.

111. Lentille, les 100 kilogr.. 35 00

112. Haricot d'Alger, beurre noir, l'hectolitre. 25 00

113. Haricot sabre, à longue cosse, l'hectolitre. 25 00

114. Haricot nain jaune, l'hect. 25 00

115. Haricot Bagnolet suisse gris, l'hectolitre. . . . . . 25^{f} 00^{c}

116. Haricot jaune d'or, l'hect. 25 00

117. Haricot nain lyonnais, l'hectolitre. 25 00

118. Haricot d'Espagne rouge, les 100 kilogr. 20 00

119. Haricot rose à longue cosse, les 100 kilogr.. 25 00

120. Haricot flageolet très hâtif, les 100 kilogr. 25 00

121. Haricot blanc quarantain, les 100 kilogr. 25 00

122. Haricot blanc hâtif, les 100 kilogr. 25 00

123. Haricot riz, les 100 kilogr. 25 00

PLANTES FOURRAGÈRES À RACINES ALIMENTAIRES.

124. Pomme de terre Institut de Beauvais, les 100 kil. 4 50

125. Pomme de terre jaune hâtive, les 100 kilogr.. 4 00

126. Pomme de terre farineuse rouge, les 100 kilogr.. 4f 00c

127. Pomme de terre Champion, les 100 kilogr... 4 00

128. Pomme de terre Kingh's noble, les 100 kilogr.. 4 00

129. Pomme de terre jaune longue de Brie, les 100 kilogr.............. 4 50

130. Pomme de terre Chaw, les 100 kilogr....... 4 00

131. Pomme de terre Canada, les 100 kilogr....... 4 00

132. Pommes de terre Éléphant blanc, les 100 kilogr.. 4 00

133. Pomme de terre Trophy, les 100 kilogr....... 4 50

134. Pomme de terre Quarantaine violette, les 100 kilogr.............. 4 00

135. Pomme de terre Merveille d'Amérique, les 100 kilogr.............. 4 00

136. Pomme de terre Ice cream, les 100 kilogr....... 4 00

137. Pomme de terre Euréko, les 106 kilogr....... 4 00

138. Pomme de terre School Master, les 100 kilogr. 4 00

139. Pomme de terre Glory of Mouna, les 100 kilogr. 4 00

140. Pomme de terre violette grosse, les 100 kilogr. 4 00

141. Pomme de terre Prolific, les 100 kilogr....... 4 00

142. Pomme de terre Magnum bonum, les 100 kilogr. 4f 00c

143. Pomme de terre Blue rieusen, les 100 kilogr. 4 00

144. Pomme de terre Pearlers, les 100 kilogr....... 4 00

145. Pommes de terre Boursier, les 100 kilogr........ 4 00

146. Pomme de terre Pousse rouge, les 100 kilogr.. 4 00

147. Pomme de terre Early rose, les 100 kilogr... 4 50

148. Pomme de terre Imperator, les 100 kilogr.... 4 00

149. Pomme de terre rubanée, les 100 kilogr.... 4 00

150. Pomme de terre Chardon, les 100 kilogr........ 4 00

151. Pomme de terre American brood fruit, les 100 kilogr.............. 4 00

152. Pomme de terre Prince of Wales, les 100 kilogr. 4 00

153. Pomme de terre Van der Weer, les 100 kilogr.. 4 00

154. Pomme de terre Internationale, les 100 kilogr. 4 00

155. Pomme de terre Saucisse les 100 kilogr...... 4 50

156. Pomme de terre Seguin, les 100 kilogr....... 4 00

157. Vin blanc, récolte 1895, le litre............. 1 00

M. BONNAL (Antoine), à Saint-Nazaire (Tarn-et-Garonne).

158. Vin vieux, l'hectolitre.................................... 200f

M. BRUGALIERES, à Floressas (Lot).

159. Vins rouges 1870, la barrique................ 300f

160. Vins rouges 1874.

M. CAPGRAND-MOTHES, à Saint-Pau, commune de Meylan (Lot-et-Garonne).

161. Collection de blés.
162. Collection de céréales diverses.
163. Collection de betteraves.
164. Collection de tubercules.
165. Collection de pommes de terre.
166. Collection de plantes de prairies naturelles.
167. Collection de plantes de prairies artificielles.
168. Vins.
169. Eaux-de-vie.
170. Produits divers de verger et de potager.
171. Bois et ses divers produits : plants, lièges, écorces, résines, charbons, bois d'œuvres, etc.
172. Toisons : mérinos et du pays.

M. CHARPENTIER, à Agen (Lot-et-Garonne).

173. Pruneaux confits 1896, la boîte.............................. 5f

M. CLAVERIE (Émile), à Cazères-sur-l'Adour (Landes).

174. Vin blanc du cépage piquepoul 1895, l'hectolitre.. 35f
175. Eau-de-vie d'Armagnac 1893 l'hectolitre........... 175f

M. DELBREIL (Scipion), à Luzech (Lot).

176. Vin rouge 1895, la barrique de 220 litres.......... 120f
177. Vin rouge 1893, la barrique de 220 litres........... 150f

M. DUBROCA (Germain), à Manciet (Gers).

178. Eau-de-vie Bas-Armagnac 1887, le litre 3 francs, au détail................ 4f 50c
179. Eau-de-vie Bas-Armagnac 1893.

M. DUPOUY (Jules), à Lectoure (Gers).

180. Plants de vignes américaines.
181. Plants de vignes franco-américaines

M. FERRY (Léopold), à Corcieux (Vosges).

182. Fromage de Munster, demi-affinés, le kilogramme... 2f
183. Fromage de Munster, affinés.

M. DE FONTENILLES (Paul), à Varennes (Tarn-et-Garonne).

184. Vin rouge 1895, l'hectolitre................. 50f
185. Vin blanc 1895, 12°, l'hectolitre.................. 60f

M. FOURTEAU (Charles), à Saint-Maure (Lot-et-Garonne).

186. Eau-de-vie de Tennarèze, les 400 litres........................ 800f

M. GUERSENT (Albert), à Saint-André (Eure).

187. Cidre.
188. Eau-de-vie de cidre 1886, le litre.............. 3f 50c
189. Eau-de-vie de cidre 1892, le litre.............. 2f 25c
190. Eau-de-vie de poiré 1894, le litre.............. 1f 75c

M. JABOT (André), à Marmande (Lot-et-Garonne).

191. Vin rouge 1891, en bouteilles.
192. Vin rouge 1893, en bouteilles.
193. Vin rouge 1895, en bouteilles.
194. Vin rouge 1894, en fût.
195. Vin rouge 1895, en fût.
196. Vin blanc 1856, en bouteilles.
197. Vin blanc 1893, en bouteilles.
198. Vin blanc 1895, en fût.
199. Vin blanc 1865, en bouteilles.
200. Vin blanc 1869, en bouteilles.
201. Vin blanc 1874, en bouteilles.
202. Vin blanc 1893, en fût.
203. Eaux-de-vie 1891 et 1895.
204. Plants de vigne.
205. Hydromel.

M. LAFFORE (Joseph), à Mont-de-Marsan (Landes).

206. Eau-de-vie de Bas-Armagnac 1893, le litre.... 2f 50c
207. Eau-de-vie de Bas-Armagnac 1832, le litre.... 15 00
208. Eau-de-vie de Bas-Armagnac, 1876 le litre.... 10f 00c
209. Eau-de-vie de Bas-Armagnac 1881, le litre.... 5 00

M. LANOIRE (Camille), à Moncrabeau (Lot-et-Garonne).

210. Vins rouges la barrique... 100f
211. Vins blancs.
212. Raisins frais.

M. LASSERRE-DILHON, à Lupiac (Gers).

213. Vin rouge.
214. Vin blanc.
215. Eau-de-vie Bas-Armagnac.
216. Eau-de-vie Haut-Armagnac.

M. DE LAVILLE-MONTBAZON, à Saint-Vite (Lot-et-Garonne).

217. Vin, la pièce de 228 litres.. 100f

M. LEFEBVRE (Isidore), à Nesle-Hodeng (Seine-Inférieure).

218. Fromage de Neufchâtel.
219. Beurre frais.

M. DE LIS-LEFERME, à Masquières (Lot-et-Garonne).

220. Vin rouge 1895, la pièce. 130f | 221. Vin rouge 1893, la pièce. 160f

M. MARRAUD, à Pont-du-Casse (Lot-et-Garonne).

222. Vin blanc, l'hectolitre...... 45f | 223. Vin rouge, l'hectolitre.....

M. DU MAS DE PEYSAC, à Berson (Gironde).

224. Vin rouge 1891.
225. Vin rouge 1892.
226. Vin rouge 1893.
227. Vin rouge 1895.

M. DE MONDENARD, à Fieux (Lot-et-Garonne).

228. Vin rouge 1895, l'hectolitre............. 50f 00c
229. Vin blanc 1895, l'hectolitre............. 40 00
230. Eau-de-vie de Haut-Armagnac 1895, le litre. 5 00
231. Vin rouge 1894, le litre. 1f 00
232. Vin blanc 1893, le litre 1 50
233. Vin blanc 1893, façon Sauternes, le litre.... 1 50
234. Eau-de-vie 1889, le litre. 3 00

M. POMEYROL, à Port-Sainte-Marie (Lot-et-Garonne).

235. Vin rouge 1895.
236. Vin blanc 1895.
237. Eau-de-vie 1895.
238. Vignes américaines greffées.

M. RATIÉ (Joseph), père, à Lagarrigue (Lot-et-Garonne.)

239. Plants de vignes
240. Fruits divers.
241. Tabac.
242. Produits divers.

M. VIDAL (Édouard), à Caudecoste (Lot-et-Garonne).

243. Osiers verts.
244. Maïs.
245. Sorgho à balai.
246. Fruits divers.

MM. VILMORIN, ANDRIEUX et Cie, à Paris.

247. Lot de légumes frais.
248. Fruits et légumes frais.
249. Fruits et légumes secs.

2e SECTION. — **Produits présentés par de petits cultivateurs propriétaires, métayers ou fermiers, exploitant moins de 30 hectares.**

M. BARRAL (Ernest), à Frontignan (Hérault).

250. Plants de vignes, le cent, 30f, 40f et........................ 90f

M. BIDOUZE (Denis), à Montlezun (Gers).

251. Eau-de-vie de Bas-Armagnac 1893, le litre.... 2f 50c
252. Eau de-vie de Bas-Armagnac 1893, le litre... 3 00
253. Vin blanc de Bas-Armagnac 1895, l'hectolitre............... 35f 00c

M. BORIES (Benjamin), à Montauban (Tarn-et-Garonne).

254. Raisins de table.

M. BOUSQUET (Antoine), à Sérignac (Lot-et-Garonne).

255. Plants de vigne.

M. BOUTANES (Jean), à Layrac (Lot-et-Garonne).

256. Plants de vignes greffés sur riparia.
257. Vignes chasselas greffés sur riparia.

M. BRUNET (Alexandre), à Montesquieu (Lot-et-Garonne).

258. Pommes de terre.
259. Asperges.
260. Betteraves potagères.
261. Navets.
262. Légumineuses.
263. Fruits.
264. Produits de l'arboriculture.
265. Osier.
266. Maïs sec.
267. Maïs vert.
268. Sorgho.
269. Luzerne.
270. Vigne à fruits.

M. CANAS-DELOSTAL, à Melz-sur-Seine (Seine-et-Marne).

271. Eau-de-vie de reine-claude, l'hectolitre............ 300f
272. Eau-de-vie de cerises, l'hectolitre............... 400
273. Eau-de-vie de fruits, l'hectolitre................ 300
274. Eau-de-vie de vin, l'hectolitre................. 400f
275. Eau-de-vie vieille de reine-claude, année 1882.
276. Eau-de-vie vieille de reine-claude, année 1885.

277. Eau-de-vie vieille de reine-claude, année 1887.
278. Eau-de-vie vieille de reine-claude, année 1890.
279. Eau-de-vie vieille de reine-claude, année 1893.
280. Eau-de-vie vieille de cerises, année 1884.
281. Eau-de-vie vieille de cerises, année 1887.
282. Eau-de-vie vieille de cerises, année 1890.
283. Eau-de-vie vieille de prunelles, année 1886.
284. Eau-de-vie vieille de prunelles, année 1890.
285. Eau-de-vie vieille de fruits, année 1888.
286. Eau-de-vie vieille de fruits, année 1889.
287. Eau-de-vie vieille de marc (fin bois), année 1886.
288. Eau-de-vie vieille de marc (fin bois), année 1890.
289. Eau-de-vie vieille de marc (fin bois), année 1893.
290. Eau-de-vie vieille lie de vin, année 1887.
291. Eau-de-vie vieille lie de vin, année 1880.
292. Eau-de-vie vieille lie de vin, année 1893.

M. CANDAU, à Nogaro (Gers).

293. Vin rouge de côtes 1895, le litre.............. 0f 50c
294. Vin blanc de côtes 1895, le litre.............. 0 50
295. Vin blanc 1894, le litre. 0 75
296. Eau-de-vie de Bas-Armagnac 1895, le litre... 1f 75c
297. Eau-de-vie de Bas-Armagnac 1893, le litre.... 2 00

M. CARLES (Barthélemy), à Agen (Lot-et-Garonne).

298. Pruneaux de l'année confits au four.

M. CAZES (Joseph), à Auch (Gers).

299. Cire.
300. Miel.
301. Produits divers d'apiculture.

M. CHAUVEIN (François), à Lamontjoie (Lot-et-Garonne).

302. Vin d'Herbemont 1895.
303. Vin de Jacquez 1895.

M. COLETTE (Albert), à Saint-Évroult-de-Montfort (Orne).

304. Cidre en fût, les 225 litres. 40f
305. Cidre mousseux, la bouteille. 0f 70c

M. COMPEYROT, à Saint-Hilaire-sur-Garonne (Lot-et-Garonne).

306. Blé.
307. Haricots.
308. Fèves.
309. Pommes de terre.

M. DENEAUSSE (Baptiste), à Bagnères-de-Bigorre (Hautes-Pyrénées).

310. Fleurs.
311. Fruits.

M. DUQUENNE (Georges), à Saint-Martin-la-Caussade (Gironde).

312. Vin rouge 1895, la pièce. 500f | 313. Vin rouge 1893, la pièce. 600f

M. DURADE (Jacques), à Pomponne-Montauban (Tarn-et-Garonne).

314. Plantes alimentaires.
315. Plantes légimineuses.
316. Plantes fourragères.
317. Racines alimentaires.
318. Plantes de prairies artificielles.
319. Plantes oléagineuses.
320. Plantes textiles.
321. Œufs.
322. Plumes, duvets.

M. FABRE (Adolphe), à Gaillac (Tarn).

323. Vin blanc 1895, l'hectolitre 80f

M. FAURÉ (Laurent-Jean), à Montauban (Tarn-et-Garonne).

324. Blés.
325. Seigle.
326. Orge.
327. Avoine.
328. Maïs.
329. Millet.
330. Fèves.
331. Haricots.
332. Pois.
333. Pois chiches.
334. Pommes de terre.
335. Betteraves.
336. Carottes.
337. Topinambours.
338. Plantes de prairies artificielles.
339. Produits divers de l'horticulture.

M. FOURNIÉ (Félix), à Sérignac (Lot-et-Garonne).

340. Vin de cépage hybride.
341. Pommes de terre.
342. Légumes divers.
343. Raisins frais.
344. Plants de vigne.
345. Fruits divers.

M. GONTHARET (Antoine), à Peisey (Savoie).

346. Miel, le kilogr.......... 1f 50c | 347. Cire, le kilogr.......... 4f 00c

M. GUITTARD (Jean), à Astaffort (Lot-et-Garonne).

348. Sorghum-cernuum, épis et grains.

M. JASFRE (Henri), à Bazens (Lot-et-Garonne).

349. Vins français, 1860 à 1890.
350. Vin rouge franco-américain 1892.
351. Vin rouge franco-américain 1893.
352. Vin rouge franco-américain 1894.
353. Vin rouge franco-américain 1895.
354. Vin blanc franco-américain 1893.
355. Vin blanc franco-américain 1894.
356. Vin blanc franco-américain 1895.
357. Eau-de-vie de prunes 1894.

M. DE LABURTHE (Paul), à Muret (Haute-Garonne).

358. Vin rouge, l'hectolitre..... 30f | 359. Vin blanc, l'hectolitre...... 35f

M. LAFFARGUE (Joseph), à Saumont (Lot-et-Garonne).

360. Vin blanc, l'hectolitre.. 50f

M. LAFFON (Michel), à Feugarolles (Lot-et-Garonne).

361. Chanvre.
362. Maïs.
363. Sorgho.
364. Haricots.
365. Œufs.

M. DE LAFITTE-LAJOANNENQUE, à Astaffort (Lot-et-Garonne).

366. Vin rouge 1895.

M. LAMBERT (Frédéric), à Saint-Hilaire (Lot-et-Garonne).

367. Raisins de table, les 100 kilogrammes........................ 130f

M. LESTRADE (Jean), à Aubiac (Lot-et-Garonne).

368. Plants de vignes.
369. Plants de vignes, avec leurs fruits.
370. Porte-greffes américains.

M. MANTE (Jean), à Foulayronne (Lot-et-Garonne).

371. Pommes de terre.
372. Maïs.
373. Haricots.

M. MARIE (Georges), à Heuilley-le-Grand (Seine-et-Marne).

374. Beurre, le kilogramme.. 3f

M. MARLIAC (Jean), à Lafox (Lot-et-Garonne).

375. Chanvre.

M. MASSABIE (Baptiste), à Duravel (Lot).

376. Modèle de greffage.
377. Plantes et graines potagères.
378. Plantes alimentaires et leurs produits.
379. Plantes légumineuses.
380. Plantes fourragères à racines alimentaires.
381. Plantes de prairies artificielles.
382. Plantes de prairies naturelles.
383. Plantes textiles.

M. MEUGNIER (Désiré), à Pont-de-l'Arche (Eure).

384. Cidre.
385. Poiré.
386. Eau-de-vie de cidre, le litre 1f 75c

M. MEYRIGNAC (Jean), à Laroque-Timbaut (Lot-et-Garonne),

387. Plants divers de vignes comme pieds mères.
388. Plants divers de vignes, comme pépinière.

M. MOTHES (Jean), à Bajamont (Lot-et-Garonne).

389. Vin rouge 1894.
390. Jarousse en grains.

M. ODDE, à Oloron-Sainte-Marie (Basses-Pyrénées).

391. Vins blancs 1895, l'hectol.. 60f
392. Vin blanc 1895, l'hectol.... 50f

M. PICARD (Alphonse), à Laparade (Lot-et-Garonne).

393. Vins rouges 1895, l'hectol.. 40f
394. Vins blancs 1895, l'hectol... 40
395. Plants greffés.
396. Plants greffés de tabac.
397. Paturin.
398. Maïs.
399. Pommes de terre.
400. Eaux-de-vie de vin.
401. Vins.

M. PROSPER jeune, à Caussens (Gers).

402. Raisins frais.
403. Pommes de terre (200 variétés).

M. SAINT-MARTIN (Jean), à Montesquieu (Lot-et-Garonne).

404. Produits maraîchers divers.

M. SOUREIL (Élie), à Sauveterre-d'Astaffort (Lot-et-Garonne).

405. Plants de peuplier dits de la Virginie, 3 ans, l'un.... 0f 75c
406. Plants de peupliers dits de la Virginie, 2 ans, l'un.. 0 75

II. EXPOSITIONS SCOLAIRES.

M. BEAUSSENS (père), à Agen (Lot-et-Garonne).

407. Objets d'enseignement agricole.

M. BORDES, à Orliaguet (Dordogne).

408. Entretien sur la taille des arbres et de la vigne.
410 Narration sur les les leçons faites au champ d'expériences.
409. Programme du cours d'adultes.

M. BROUSSE, à Crest (Drôme).

411. Travaux d'enseignement agricole faits par les élèves.

M. BRUNET (Alexandre), à Montesquieu (Lot-et-Garonne).

412. Tableaux servant à l'enseignement arboricole et agricole.

413. Livre sur la manière pratique de cultiver les arbres fruitiers.

M. CAPGRAND-MOTHES, à Saint-Pau, commune de Meylan (Lot-et-Garonne).

414. Collection minéralogique.

415. Tableaux pour l'enseignement de la taille des arbres.

416. Herbier.

417. Spécimens de bois.

418. Outils divers.

M. DUFFOUR (Charles), à Agen (Lot-et-Garonne).

419. Herbier pour l'enseignement agricole.

FERME-ÉCOLE de la Hourre (Gers).

420. Herbier.

M. JOUVE (Jean), à Montmurat (Cantal).

421. Herbier.

M. RAMBEAUD, à Landrais (Charente-Inférieure).

422. Cahiers d'élèves sur l'agriculture.

MM. VILMORIN-ANDRIEUX et Cie, à Paris.

423. Planches coloriées de légumes et racines fourragères.

424. Planches coloriées de graminées ou plantes à prairies.

425. Planches coloriées de fleurs diverses.

426. Dessins coloriés pour sachets de graines potagères et de fleurs.

427. Étiquetage raisonné de tous les produits agricoles.

III. — EXPOSITIONS COLLECTIVES
FAITES PAR LES SOCIÉTÉS, COMICES ET SYNDICATS AGRICOLES ET HORTICOLES.

SOCIÉTÉ D'ENCOURAGEMENT À L'AGRICULTURE, à Agen (Lot-et-Garonne).

M. BARANDOUX (Jules).

428. Plantes d'ornement (200 variétés environ).

M. BERGAGNIÉ.

429. Corps de ruches.

M. BLANCHET.

430. Vin rouge 1892-1895, vignes en pots.

M. BOUSQUET.

431. Plants de vigne-greffes.

432. Chicorée.

M. BRU.

433. Maïs blanc et roux, fèves et haricots, fourrages secs.

M. BRUNET.

434. Produits divers.

435. Ouvrages sur la culture des arbres fruitiers.

M. CHARPENTIER.

436. Vins 1895, blanc 1880 (2 bouteilles).

437. Raisins et sarments cidre (2 bouteilles)

M. COULEAU, p. Sainte-Marie.

438. Vin rouge 1895-1893.

M. DARON.

439. Vignes américaines, raisins.
440. Greffes franco-américaines.

M. DELPECH (Jean).

441. Raisins (collection), fourrages (ramie).

M. DELRIEU (Bernard).

442. Betteraves.

M. DUMAS, à Carrère, près Prayssas.

443. Vin rouge 1895, blanc 1895.
444. Miel, cire, ruche, etc.

M. DURAND (Joseph).

445. Vin rouge 1895, pruneaux, blé, cépages français et hybrides.

M. ESCALUP.

446. Vins 1895.

M. FOURÈS.

447. Collection de roses en fleurs coupées.

M. FOURESTIÉ.

448. Collection de raisins frais.

M. FOURNEL.

449. Vin de Noha.

M. FOURNIÉ.

450. Hybride nouveau.
451. Institut de Beauvais, etc.

M. GOUGET, au Passage d'Agen.

452. Vin rouge 1895.

M. GRENIER (Édouard).

453. Collection pour l'enseignement agricole.

M. JAUSSÈME (Jean).

454. Pruneaux de 1895.

M. JAUSSÈME père.

455. Poudre contre le « Black rod ».

M. JOLIBERT.

456. Vins rouges et blancs, plants racinés, greffes.

M. LABORDE, pépiniériste.

457. Arbres fruitiers, ornement, d'alignement.

M. LABOULBINE.

458. Vins rouges 1895-1893-1892 (2 bouteilles).

M. LACARRÈRE.

459. Vins, plants greffés, chasselas, démonstration greffe à crochet.

M. LACOMBE.

460. 2 variétés pommes de terre, oignons, navets, avoine (tige et grains).

M. LACOSTE (Pierre).

461. Eau-de-vie de 1893.
462. Vin rouge 1895.

M. LARÈNE.

463. Sécateurs et instruments à greffer.

M. LAVELLE, à Siguran.

464. Vin rouge 1895.
465. Vin rouge 1893.
466. Pruneaux 1895.
467. Pruneaux 1896.
468. Pommes de terre.
469. Betteraves.
470. Maïs vert.

M. LÉGLISE.

471. Pommes de terre géante Czarine.

M. LUSTÉGNY.

472. Vin 1894 (rouge).
473. Raisin de table.
474. Sorgho.

M. MAFFRE.

475. Plans greffés sur américains (14 variétés).

M. MONIÉ.

476. Vin rouge 1895-1893.
477. Pruneaux 1896.

M. DE MOUDENARD.

478. Vin 1895.
479. Haut-armagnac vieux.

MM. PICARD, LAPRADE.

480. Plants greffés.

M. POUYDESSEAU.

481. Destruction de la chenille verte, goudroline, échalats.

M. SAINT-CRY (Guillaume), au Passage d'Agen.

482. Vin rouge 1895.

M. SAINT-MARTIN.

483. Produits maraîchers.

M. SOURBÉ.

484. Plants greffés.

M. TOURNÉ.

485. Vins 1895, vignes en pot, vignes, feuilles et fruits.

M. VIDAL.

486. Vin rouge 1895, vieux cépages, greffes, blés, fourrages, pommes de terre.

M. VIGNOLES-BERTRANET, à Montesquieu.

487. Plants greffes, raisins chasselas.
488. Mais, haricots.

COMICE AGRICOLE D'AGEN.

EXPOSITION COLLECTIVE DE SARMENTS AVEC FEUILLES ET FRUITS POUR SERVIR À L'ÉTUDE DE LA SYNONYMIE DES CÉPAGES.

M. ALDIGÉ (Jean), à Saint-Jean-de-Thurac.

488. Variétés de vignes (3).

M. BARATIÉ (Pierre), à Prayssas.

489. Variétés de vignes (50).

M. BARRAT (Étienne), à Aiguillon.

490. Variétés de vignes (5).

M. DE BLAVIEL (Henri), à Puymirol.

491. Variétés de vignes (20).

M. BRENS (Louis), à Bazens.

492. Variétés de vignes (12).

M. BREIL (Jean-Vincent), à Moirax.

493. Variétés de vignes (10).

M. BOUCHOU (Joseph), à Port-Sainte-Marie.

494. Variétés de vignes (40).

M. BOUVIER (Victor), à Lamontjoie.

495. Variétés de vignes (10).

M. CASTANG, à Lagarrigue.

496. Variétés de vignes (31).

M. CASSIUS (Georges), aux Mazes, par Layrac.

497. Variétés de vignes (20).

M. CASTELNAU (Jean), à Layrac.

498. Variétés de vignes (45).

M. CHAPÉS (Ulysse), à Brimont.

499. Variétés de vignes (20).

M. CHARPENTIER (Alfred), à Aiguillon.

500. Variétés de vignes (60).

M. COSTES (Éloi), aux Caris, par Prayssac (Lot).

501. Variétés de vignes (4).

M. DUFFAU, à Allez-et-Cazeneuve.

502. Variétés de vignes (10).

M. DURAND (Édouard), à Moirax.

503. Variétés de vignes (15).

M. DURAND (Joseph), à Bajamont.

504. Variétés de vignes (20).

M. DUNEAU (Joseph), à Thouars.

505. Variétés de vignes (20).

M. FAGEGALTIER (Charles), à Sauvagnas.

506. Variétés de vignes (10).

Mme veuve Paul FARGUES, à Aiguillon.

507. Variété de vigne (1).

Mme GARREAU, à Bon-Encontre.

508. Variétés de vignes (10).

M. GASTOU, au Passage d'Agen.

509. Variétés de vignes (15).

M. DE GAULEJAC (Joseph), à Sauvagnas.

510. Variétés de vignes (10).

M. GENDRE (François), à Pomevic (Tarn-et-Garonne).

511. Variétés de vignes (20).

M. GIMBRÈDE (André), à Agen et à Bon-Encontre.

512. Variétés de vignes (15).

M. GOUDABLE (Antoine), à Lusignan-Petit.

513. Variétés de vignes (10).

M. GOUX (Daniel), à Estillac.

514. Variétés de vignes (16).

M. HARMAND (Albin), à Prayssas.

515. Variétés de vignes (10).

M. LABATUT (Auguste), à Caudecoste.

516. Variétés de vignes (20).

M. DE LAFFITE-LAJOANNENQUE, à Astaffort.

517. Variétés de vignes (3).

M. LAGARRIGUE (Jean), à Estillac.

518. Variétés de vignes (31).

M. LALIBERT (Jean), à Villeton.

519. Variétés de vignes (5).

M. DE LAPRADE (Henri), à Montesquieu.

520. Variétés de vignes (9).

M. LARRIEU (René), à Moirax.

521. Variétés de vignes (3).

M. LASSERRE (André), à Port-Sainte-Marie.

522. Variétés de vignes (25).

M. LAGRÈZE (Numa), à Sainte-Livrade.

523. Variétés de vignes (10).

M. LESTRADE (Jean), à Aubiac.

524. Variétés de vignes (30).

M. LUSSAGNET (Hippolyte), à Cuq.

525. Variétés de vignes (10).

M. MAGNAN (François), rue Joseph-Barra, n° 32, à Agen.

526. Variétés de vignes (35).

M. MERLE (Mathieu), à Aiguillon.

527. Variétés de vignes (20).

M. MOUREAU (Déodat), au Sahut, par Port-Sainte-Marie.

528. Variétés de vignes (20).

M. MOUREAU (Alphonsène), à Montesquieu, par Bruch.

529. Variétés de vignes (8).

M. MOULIE (Étienne), à Astaffort.

530. Variétés de vignes (40).

M. PLANÈS (Romain), à Astaffort.

531. Variétés de vignes (30).

M. PINÈTRE (Jean), à Agen.

532. Variétés de vignes (4).

M. POUYDESSEAU (Pierre), au Passage-d'Agen.

533. Variétés de vignes (8).

M. RATIÉ (Joseph), à Lagarrigue.

534. Variétés de vignes (10).

M. RICHARD, à Laroque-Timbaut.

535. Variétés de vignes (10).

M. SENTOU (Gabriel), à Sérignac.

536. Variétés de vignes (20).

M. SIMARD (François), à Laroque-Timbaut.

537. Variétés de vignes (18).

M. TORNÉ (Joseph), à Port-Sainte-Marie.

538. Variétés de vignes (22).

M. WARYMBEK (Jules), à Saint-Jean-de-Thurac.

539. Variétés de vignes (8).

M. VIDAL (Édouard), à Caudecoste.

540. Variétés de vignes (20).

M. VIGNES (Auguste), à Saint-Xiste.

541. Variétés de vignes (20).

COMICE AGRICOLE D'AGEN.

PRODUITS AGRICOLES.

M. BARATIÉ (Pierre), à Brayssas.

542. Registres de comptabilité agricole.
543. Vin rouge de 1895.

M. BARENNES (Michel), à Bon-Encontre.

544. Sorgho à balais.
545. Maïs blanc et roux.
546. Blés en gerbes (5 variétés).
547. Avoine en gerbes.
548. Luzerne, deuxième coupe.
549. Trèfle violet.
550. Trèfle violet.
551. Betteraves fourragères.
552. Pommes de terre (5 variétés).
553. Fruits: pommes, poires, pêches, etc.
554. Raisins de table (11 variétés).
555. Plants de pépinière américains.
556. Raisins de cépages américains.

M. BARDET, à Saint-Martin-de-Beauville.

557. Pruneaux conservés.

M. BARRET DE NAZARIS (Fernand), à Agen.

558. Vins rouge 1895.
559. Pruneaux conservés.

M. de BOÉRY, à Agen.

560. Vin rouge 1895.

561. Vin blanc 1895.

M. BOUCHON (Joseph), à Port-Sainte-Marie.

562. Vin rouge 1895.

563. Vin blanc 1895.

564. Vignes américaines greffées ou non greffées.

565. Collection de 10 variétés de raisins de table.

566. Spécimens de greffes.

M. BOUDIE fils, à Allez-et-Cazeneuve.

567. Spécimens de greffes de l'année, sujets de 4 ans, production 10 kilogrammes de raisins.

568. Pruneaux conservés.

M. BRETON (Henry), à Fals.

569. Vin rouge 1895.

M. CASTANG, à Lagarrigue.

570. Blés (21 variétés).

571. Avoine (2 variétés).

572. Seigle (2 variétés).

573. Fèves.

574. Pommes de terre.

575. Betteraves fourragères.

576. Fourrages divers.

577. Topinanbours, navets, choux-raves, oignons, ail, échalotes, béchena, divers.

578. Fruits divers.

579. Vin rouge 1895.

580. Vin rouge 1876.

M. CASTANG (Bernard), à Agen.

581. Vin rouge 1895.

582. Betteraves fourragères.

583. Maïs roux.

584. Chanvre.

585. Assortiment de fruits : pommes, poires, pêches, etc.

586. Pommes de terre.

587. Blé inversable de Bordeaux.

M. DUFFAU, à Allez-et-Cazeneuve.

588. Pruneaux conservés 1895.

589. Pruneaux confits 1896.

590. Vin rouge 1895.

591. Vin rouge 1893.

M. DURAND (Édouard), à Moirax.

592. Chanvre.

593. Maïs.

M. DURAND (Joseph), à Bajamont.

594. Blé (6 variétés).
595. Avoine grise d'hiver.
596. Maïs en grains.
597. Haricots (4 variétés).
598. Pois et fèves (6 variétés).
599. Raves et navets.
600. Pommes de terre (5 variétés).
601. Fourrages verts.
602. Foin (méthode de préparation).
603. Fruits divers (5 lots).
604. Pruneaux 1896.
605. Ramie de Chine.
606. Hybrides obtenues de semis.
607. Consoude du Caucase.
608. Igname de Chine.

M. FAGEGALTIER (Charles), à Sauvagnas.

609. Fèves du pays en grains.
610. Citronniers nés et élevés chez l'exposant.
611. Orangers nés et élevés chez l'exposant.

M. FERNANDEZ, à Agen.

612. Plants de vignes greffés, système Cadillac, en septembre.
613. Système de la fente ordinaire.

M. DE GARIN (Henry), château de Villeneuve, commune de Laplume.

614. Pruneaux étuvés 1895.
615. Canards suisses (1 lot).

M. GAUBERT (Joseph), à Laplume.

616. Vins rouges 1895.
617. Raisins de table.
618. Pruneaux confits à l'étuve.

M. DE GAULEJAC (Joseph), à Sauvagnas.

619. Vin rouge 1895.
620. Vin blanc 1895.
621. Eau-de-vie de marc.
622. Pruneaux confits à l'étuve.

M. DE GAULEJAC (Henri), à Agen.

623. Vin rouge de 1895.
624. Pruneaux confits à l'étuve.

M. GAYRAUD, à Aiguillon.

625. Eau-de-vie de chasselas.

M. GEYSELLY (Jean), à Cours par Laugnac.

626. Vin rouge de 1895.

M. GOUX (Daniel), à Estillac.

627. Pruneaux d'Agen.

628. Pastel, fourrage (1 gerbe).

M. LACARRÈRE (Pierre), à Lusignan-Grand.

629. Vin de 1892.

630. Vin de 1893.

631. Vin de 1894.

632. Plants greffés sur table (5 sujets).

633. Plants greffés sur pépinière (5 sujets).

M. LAGARRIGUE (Jean), à Estillac.

634. Vin rouge de 1895.

M. LASSERRE (André), à Port-Sainte-Marie.

635. Vin rouge de 1895.

M. LUSSAGNET (Hippolyte), à Cuq.

636. Vin de 1893. (Domaine de Cuq).

637. Vin de 1893. (Domaine de Plenselve, commune de Bon-Encontre.

638. Maïs roux en tiges.

639. Maïs blanc en tiges.

640. Sorgho à balai.

641. Betteraves fourragères.

Mme LUSSAGNET (Hippolyte), à Cuq.

642. Laine en suint (2 toisons).

M. MAGNAN (François), à Agen.

643. Cépages français ou américains greffés ou non greffés avec feuilles et fruits. (35 variétés).

M. MARROU (Alythe), à Saint-Pierre-de-Clairac.

644. Blé en tiges.

645. Avoine grise d'hiver.

646. Maïs roux.

647. Fèves.

648. Haricots.

649. Pommes de terre la Toulousaine.

M. MOULIÉ (Étienne), à Staffort.

650. Vin de 1895.

651. Cidre de 1891.

652. Eau-de-vie 1894 (Armagnac).

653. Eau-de-vie de Noah 1891.

654. Eau-de vie de pruneaux confits 1891.

655. Vins rouges 1881, 1889, 1890, 1893, 1894.

656. Vins blancs 1884, 1893, 1894.

M. MOUREAU (Déodat), à Montesquieu.

657. Vin rouge 1895.
658. Vin blanc 1894-1895.

M. RATIÉ (Joseph), à Lagarrigue.

659. Vin rouge de 1881.

M. RICHARD, à Laroque-Timbaut.

660. Betteraves fourragères.
661. Pommes de terre (2 lots).
662. Luzerne fourrage.
663. Fruits, pommes, poires, etc.
664. Tomates.
665. Blé en grains.

M. SARRAU (François), à Agen.

666. Eau du lysol en bidons.
667. Poudre du lysol.

M. SIMARD, à Laroque-Timbault.

668. Vins 1889.
669. Vins 1892.
670. Vins 1893.

SYNDICAT AGRICOLE D'AGEN ET SOCIÉTÉ COOPÉRATIVE DES AGRICULTEURS DE LOT-ET-GARONNE.

M. AUSSIGNAC (François-Vincent), à Monbrau.

671. Maïs vert.

M. BAQUÉ (Bertrand), à Saint-Pierre-de-Buzet.

672. Vin rouge 1895.
673. Vin rouge vieux de quatre récoltes diverses.
674. Dix sujets greffés-soudés franco-américains.

M. BARET DE NAZARIS (Fernand), à Agen.

675. Vin rouge 1895.
676. Vin blanc 1895.
677. Eau-de-Vie.
678. Pruneaux confits-conservés.

M. BARRAT (Étienne), à l'Ancien-Passage-d'Aiguillon.

679. Légumes.
680. Conserve alimentaire.
681. Appareils pour l'électro-culture et la télégraphie.
682. Rapports qui existent entre les divers appareils et ceux destinés à l'électro-culture.

M. BARTHE (Pierre-Henri), à Agen.

683. Bas-Armagnac, année 1893.

M. BAUDOU (Henri), à Moirax.

684. Chanvre du Tyrol, en vert.

M. BENSCH (Ulysse), à Agen.

685. Blé inversable de Bordeaux, coupé dans la longueur de paille.
686. Blé bleu de Noé, avec racines.
687. Avoine du printemps.
688. Avoine du printemps, résultant d'un champ d'expériences avec divers engrais.
689. Sarrazin, fourrage vert.
690. Millet des Landes, fourrage vert.
691. Maïs du pays, fourrage vert.
692. Maïs Caragua ou Dent de Cheval, fourrage vert.
693. Herbes, maïs divers, *ensilés*.
694. Fèves en grains.
695. Pois en grains.
696. Haricots et gesces, avec gousses.
697. Pommes de terre : Early rose, Institut de Beauvais, Richter impérator, Marjolin, la Bretonne.
698. Betteraves fourragères.
699. Choux cavalier.
700. Rutabagas à collet vert.
701. Rutabagas de Stirving.
702. Rutabagas de Laing.
703. Topinambour ordinaire.
704. Topinambour patate.
705. Trèfle de Hollande, fourrage vert.
706. Luzerne, fourrage vert.
707. Sainfoin, fourrage vert.
708. Moka de Hongrie, fourrage vert.
709. Sulla sainfoin d'Espagne, fourrage vert.
710. Consoude du Caucase, fourrage vert.
711. Foin séché.

M. BIBAL (Lucien), à Laspeyres.

712. Plants de vigne divers.
713. Pommes de terre.

M. DE BLADVIEL (Henri), château du Noble, par Saint-Romain.

714. Pruneaux conservés.

M. BORNET (Constant), à Bazens.

715. Pruneaux conservés.
716. Raisins de table.
717. Vin blanc 1895.
718. Vin rouge 1895.

M. BOUSQUET (Antoine), à Sérignac-de-Laplume.

719. Chasselas pour l'exportation.
720. Calabre pour l'exportation.

M. CANTAREL (Jean), à Moirax.

721. Vin 1895.

M. CARRÈRE (Jean), à la Capelette.

722. Pêches pour l'exportation.
723. Pommes de terre pour l'exportation.
724. Oignons pour l'exportation.

M. CASTELNAU (Jean), à Layrac.

725. Blé inversable de Bordeaux.
726. Blé turc ou du Nord, sans barbe.
727. Blé blanc du Quercy, avec barbe.
728. Blé rouge du Quercy, avec barbe.
729. Avoine grise d'hiver.
730. Maïs roux du pays, fourrage.
731. Maïs Caragua ou Dent de cheval, fourrage.
732. Luzerne, fourrage.
733. Vesces, fourrage.
734. Trèfle incarnat, fourrage.
735. Pommes de terre : Early rose, Institut de Beauvais, Marjolin, Saucisse de Hollande, Marseillaise.
736. Raisins de table et de cuve.
737. Vin rouge 1895.
738. Vin rouge, années 1878 à 1894.
739. Fruits divers.
740. Pruneaux conservés.

Mme CASTELNAU, à Payres, par Layrac.

741. Poules et coqs gascons sélectionnés.

M. CASSINS (Georges), château des Mazes, près Layrac.

742. Vin rouge 1895.
743. Vin blanc 1895.
744. Vin gris 1895.

Mlle CAVAILLÉ (Emma), à la Capelette, par Port-Sainte-Marie.

745. Raisins de table.

M. CAVE (Pierre), à Laubarède, près Laugnac.

746. Avoine grise d'hiver.
747. Fèves avec grains.
748. Pieds de vigne.

M. CHABRETTE, à Agen.

749. Volailles de Houdan (2 lots).
750. Volailles de Faverolle (2 lots).

M. CHARLES (Jean-Prosper), à Prayssas.

751. Miel.
752. Cire.
753. Hydromel.
754. Ruches à cadres.
755. Instruments divers d'apiculture.

M. CHARPENTIER (Alfred), au Christian, près Aiguillon.

756. 50 sujets de greffés, soudés sur porte-greffes sélectionnés.
757. 6 sujets de producteurs directs.
758. 10 sujets de porte-greffes américains.
759. 10 sujets hybrides, avec raisins, obtenus par l'exposant.
760. Semis d'hybrides en pots.
761. Raisins français divers.
762. Tabac.
763. Vin rouge 1895.
764. Vin rouge de diverses années.

CRÉDIT FONCIER DE FRANCE, à Agen.

765. Eau-de-vie d'Armagnac 1893.
766. Eau-de-vie d'Armagnac 1894.

M. DABOS (Léopold), à Moirax.

767. Pommes de terre *Quarantaine de la Halle.*

M. DARGELOS (Abel), à Béquin, par Port-Sainte-Marie.

768. Sojà Hispidas (céréales).
769. Pommes de terre Richter Imperator.

M. DELPECH (Jean-Baptiste), à Caudecoste.

770. Vin rouge 1895.

M. DIEULEFIT (Raymond), à Boé (Agen).

771. Vins rouges 1867, 1873, 1888.

M. DUBOIS (Pierre), à Prayssas.

772. Vin rouge 1895.
773. Vin rouge de diverses années.

M. DUBOSC (Dorsain), à Andiran.

774. Eau-de-vie de vin 1895.

Mme DUBOSC (Dorsain), à Andiran.

775. Coq et poules landais.

M. DUPÉRÉ (Géraud), à Mounet-Bas.

770. Eau-de-vie de prunes.
777. Pêches variées.

M. DUPOUY (Dominique), à Moirax.

778. Pêches diverses.

M. ESCALOT (Justin), au Passage-d'Agen.

779. Melons maraîchers.
780. Blés divers.
781. Sorgho, paille de balais.
782. Chanvre.
783. Tomates pour l'exportation.
784. Produits maraîchers divers.

M. DE GAULEJAC (Joseph), à Sauvagnas.

785. Vin rouge 1895.
786. Vin blanc 1895.
787. Eau-de-vie de marc.
788. Pruneaux préparés à l'étuve.

M. GOUDABLE (Jean), à Lusignan-Petit.

789. Prunes étuvées.
790. Raisins de table pour l'exportation.
791. Vins rouges divers.
792. Vin blanc.
793. Pêches pour l'exportation.

M. GOUDABLE, à Lusignan-Petit.

794. Pruneaux étuvés en boîtes pour conserves et pour l'exportation.
795. Chasselas de Fontainebleau.

M. GOUGET (Pierre), au Passage-d'Agen.

796. Pêches en boîtes pour l'exportation.
797. Oignons pour l'exportation.

M. GOUDIN (Louis), à Moirax.

798. Variétés de pêches.

M. HARMAND (Jean), à Prayssas.

799. Vin rouge 1895.
800. Eau-de-vie de prunes.
801. Pruneaux conservés.
802. Chasselas.

M. IRAGUE (Jean), à Layrac.

803. Blé.
804. Légumes divers.
805. Vins rouges.

M. JOUBERT (François), à Duravel (Lot).

806. Vin d'Auxerrois 1895 (côtes du Lot).

M. LACAPÈRE (Pierre), à Momant, par Laplume.

807. Vin rouge 1895.
808. Vins rouges 1892-1893-1894.

M. LACAPÈRE (Pierre), à Sainte-Colombe, par Agen.

809. Vin rouge 1895.
810. Vin blanc 1895.
811. Prunes reine-claude.
812. Melons.

M. LAGRÈZE (Numa), à Lamaurelle.

813. Vin rouge 1895.

Mme LAGRÈZE, à Sainte-Christie (Gers).

814. Vin rouge 1895.
815. Vin blanc 1896.

M. LALIBERT (Jean), à Villeton.

816. Raisins de cuve.

M. LABURTHE (Jean-Eugène), à Moirax.

817. Oignons rouges dits « de Lescure ».

M. DE LAPRADE (Henri), à Montesquieu, par Bruch.

818. Vin rouge 1895.
819. Vin rouge 1893.

M. LARRUE (Augustin), à Brax, par Agen.

820. Oignons pour l'exportation.

M. LARRUE (Jean), à Boé, par Agen.

821. Chanvre.

M. LAUZUN (Philippe), à Valence-sur-Baïse (Gers).

822. Eau-de-vie d'Armagnac 1893.
823. Eau-de-vie d'Armagnac 1889.
824. Eau-de-vie d'Armagnac 1887.

M. LHÉRISSON (Jean), à Lavardac.

825. Vin rouge 1895.
826. Vin rouge 1894.

M. HUCHARD-LACOMBE, à Sérignan-de-Laplume.

827. Vin rouge 1895.
828. Vin rouge 1884.

M. MARTIN (François), à Riols, près Agen.

829. Céleri-rave.
830. Melons variés.
831. Pommes de terre diverses.
832. Tomates pour l'exportation.
833. Aubergines.

M. MARRAUD (Georges), à Agen.

834. Volaille dorking (1 lot).
835. Volaille nègre-soie du Japon (1 lot).

M. MARRAUD (Jacques-François), Pont-du-Casse, près Agen.

836. Vin rouge 1895.
837. Vin blanc 1895.
838. Vins rouges (diverses années).
839. Vins blancs (diverses années).

M. MAUROUX (Jean), à Moirax.

840. Betteraves mammouth.
841. Betteraves ovoïdes des barres.
842. Pommes de terre Richter Impérator.

M. MESPLÉS (Jean), à Moirax.

843. Lin de Pskow sélectionné.

M. DE MOSTUÉJOULS, château de Boirac, par Pellegru (Gironde).

844. Vin rouge 1895.
845. Vin blanc 1895.
846. Vins rouges (diverses années).

M. MOUREAU (Alphonse), à Montesquieu.

847. Vin rouge 1895.
848. Vin rouge 1893.

M. NAGOUA (Joseph), à Sainte-Colombe.

849. Vin rouge 1860.

M. PÉBÉRAY (Lafougère-Marie), à Port Sainte-Marie.

850. Eau de fleurs d'oranger.
851. Raisins de table.

M. PÉJAC (André), à Prayssas.

852. Ventilateur servant à vanner le blé et tous les grains en général.

M. POUYDESSEAU (Pierre), au Passage-d'Agen.

853. Échalas injectés à la *Goudroline*.
854. Toile pour bétail, imbibée à la *Goudroline*.
855. *Enduit* et *papier chimique*, pour la destruction de la chenille verte du prunier.

M. RIVIÈRE (Jean), à Caudecoste.

856. Volaille gasconne (1 lot).
857. Canards (1 lot).

M. RODIÈS (Gabriel), au château de Respide, près Langon (Gironde).

858. Vin blanc, Sauternes doux 1892.
859. Vin blanc, Sauternes Dry 1892.
860. Vin rouge, Graves 1893.

M. RUFFE (Alban), à Layrac.

861. Vin rouge 1895.
862. Vin rouge vieux.
863. Fruits frais divers.
864. Raisins de table et de cuve.

M. SARRAMIAC (Jean), à Moirax.

865. Melons cantaloux de Vaucluse.

M. SÉRIÈS (Blaise), à Moirax.

866. Fèves à très longue cosse (présentées avec les cosses).

SOCIÉTÉ COOPÉRATIVE, à Agen.

867. Types d'engrais divers.
868. Produits anticryptogamiques divers.
869. Outils divers etc.

M. SOUÈGES (Joseph), à Moirax.

870. Volaille gasconne (1 lot).

M. TOURNÉ (Joseph), à Agen.

871. Pieds de vigne en pots (14 lots).
872. Vin rouge 1895.
873. Piquets tubes en fer pour le montage des vignes sur fil de fer.

M. TRABUCHET (Louis), à Moirax.

874. Blé du pays.
875. Avoine grise d'hiver.
876. Fèves.
877. Luzerne ou sainfoin.
878. Vesces.
879. Trèfle rouge.

M. VAMRYMBÈKE (Jules), à Saint-Jean-de-Thurac.

880. Arbres fruitiers (10 sujets).
881. Greffés-soudés divers (26 sujets).
882. Plants directs ou porte-greffes (16 sujets).

COMICE AGRICOLE D'AGEN, SYNDICAT AGRICOLE ET SOCIÉTÉ COOPÉRATIVE RÉUNIS.

M. BRETON (Henri), à Fals.

883. Vin rouge 1895.
884. Vins rouges, diverses années.
885. Eau-de-vie 1895.

M. CASTAING (Bernard), à Agen.

886. Vin rouge 1895.
887. Betteraves fourragères.
888. Maïs roux.
889. Chanvre.
890. Pommes de terre.
891. Blé inversable de Bordeaux.
892. Pommes.

M. CHABRETTE (Henri), à Agen.

893. Volailles de Houdan.
894. Volailles de Faverolles.

M. DIEULEFIT (Raymond), à Boé-lès-Agen.

895. Vins rouges 1867, 1873 et 1888.

M. DUBOIS (Pierre), à Prayssas.

896. Vin rouge 1895.
897. Vins rouges diverses années.

Mme DUBOSC-DORSAIN, à Andiran.

898. Volailles landaises.

M. DUFFAN (Jean), à Allez-et-Cazeneuve.

899. Plants de vignes.
900. Prunes d'Agen.
901. Vin rouge 1895.
902. Vin rouge 1893.

M. DUPÉRÉ (Gévand), à Madaillan.

903. Eau-de-vie de prunes.
904. Pêches, diverses variétés.

M. FERNANDEZ (Antoine), à Agen.

905. Plants de vignes greffées.

M. DE GARIN (Henri), à Laplume.

906. Canards suisses.

M. GAUBERT (Jean), à Laplume.

907. Raisins de table,
908. Raisins de cuve.
909. Vin rouge 1895.
910. Pruneaux.

M. GEYSÉLY (Jean-Joseph), à Cours.

911. Vin rouge 1895.
912. Eau-de-vie 1895.
913. Pruneaux étuvés.

M. HUCHARD-LACOMBE, à Laplume.

914. Vin rouge 1884.

M. LAUZUN (Philippe), à Valence-sur-Baïse.

915. Eau-de-vie d'Armagnac 1867.
916. Eau-de-vie d'Armagnac 1889.
917. Eau-de-vie d'Armagnac 1893.

M. LHÉRISSON (Jean), à Lavardac.

918. Vin rouge 1895.
919. Vin rouge 1894.

M. MOULIÉ (Étienne), à Astaffort.

920. Eau-de-vie 1891.
921. Cidre 1891.
922. Vins rouges 1881, 1889, 1890 et 1894.
923. Vins blancs 1884, 1893 et 1894.

M. RICHARD (Pierre), à Larroque-Timbaut.

924. Luzerne.
925. Betteraves.
926. Pommes de terre.
927. Pommes et fruits divers.
928. Tomates.
929. Blé.
930. Plants de vigne.

M. RIVIÈRE (Jean), à Caudecoste.

931. Volailles gasconnes.
932. Canards.

IV. — EXPOSANTS MARCHANDS.

M. CANAS-DELOSTAL, place de la Bourse, n° 9, à Paris.

933. Vin de Saumur mousseux, la bouteille...... 1f 50c
934. Vin de Saumur mousseux, la bouteille...... 1 75
935. Vin de Saumur mousseux, la bouteille...... 2 00
936. Vin de Saumur mousseux, la bouteille...... 2 25
937. Vin de Saumur mousseux, la bouteille...... 2 50
938. Vin de Saumur mousseux, la bouteille...... 3 00
939. Vin blanc (Saumur et Anjou), la pièce...... 110f
940. Vin blanc (Saumur et Anjou), la pièce...... 140
941. Vin blanc (Saumur et Anjou), la pièce...... 170
942. Vin blanc (Saumur et Anjou), la pièce...... 200
943. Vin blanc (Saumur et Anjou), la pièce...... 250
944. Vin blanc (Saumur et Anjou), la pièce...... 300

M. DELCAYROU (Jean), à Saint-Aubin (Lot-et-Garonne).

945. Eau-de-vie de raisin.
946. Eau-de-vie de prunes.

M. FOULÉ, rue Véron, n° 15, à Paris.

947. Vin de Champagne...... 2f 50c
948. Vin de Champagne...... 3 00
949. Vin de Saumur........ 1f 76c
950. Vin de Saumur........ 2 00

M. HAUPOIS, rue des Bergers, n° 31, à Paris.

951. Fromage de Brie.
952. Fromage de Coulommiers.
953. Fromage de Pont-l'Évêque.
954. Fromage de Camembert.
955. Fromage de Maroilles.

M. LAFFITE (Jean), à Agen (Lot-et-Garonne).

956. Produits divers de conserves.

M. VANDER-GUCHT, à Bar-sur-Aube (Aube).

957. Vin de Champagne, de 3f à.................................. 8f

MM. VILMORIN-ANDRIEU et Cie, à Paris.

958. Collection de céréales en tiges et en graines.

959. Collection de graminées.

960. Collection de fourrages.

961. Collection de plantes industrielles.

M. WINGARD, rue Ordener, n° 136, à Paris.

962. Vin de Touraine.

963. Vin d'Anjou.

V. — ENGRAIS, AMENDEMENTS, LIVRES, LIQUEURS, ETC.

M. BADIMON (Laurent), à Agen (Lot-et-Garonne).

964. Produit Torley pour engrais d'animaux.

965. Ovum pour la ponte de la volaille.

966. Farines et grains.

967. Graines potagères et fourragères.

M. BLÉNEAU (Paul), à Bordeaux (Gironde).

968. Engrais chimiques.

M. CAZAL (Justin), rue d'Aubuisson, n° 12, à Toulouse (Haute-Garonne).

969. Hydrocarbonate de cuivre, les 100 kilogr 58f

970. Hydrocarbonate de cuivre combiné, les 100 kilogr... 75

971. Soufre précipité, les 100 kilogr. 15f

972. Blackroticide, procédé *H. Leygue*, les 100 kilogr...... 30

M. CHAURÉ (Lucien), rue de Sèvres, n° 14, à Paris.

973. Journal *le Moniteur d'horticulture*, par an, 6 et..... 12f

974. Publications horticoles.

M. CHERTIER-ASSELIN, rue de Bourgogne, n° 232, à Orléans (Loiret).

975. Produit insecticide.

976. Poudre insecticide.

977. Plantes naturelles servant à la destruction des insectes nuisibles.

978. Dessins représentant des animaux et des insectes nuisibles.

M. DABRIN, cours Voltaire, n° 33, à Agen (Lot-et-Garonne).

979. Engrais chimiques.

M. DELEURME, à Montreuil-sous-Bois (Seine).

980. Brillantine anti-rouille.
981. Insecticide.
982. Colle à greffer.
983. Crésyl-Jeyès.
984. Crésyl-Jeyès, en poudre.

M. DELPECH, route de Toulouse, à Castelsarrazin (Tarn-et-Garonne).

985. Engrais chimiques.

M. DENUX, à Moirax (Lot-et-Garonne).

986. Tourteau de lin pour l'alimentation du bétail, les 100 kilogr. 20f

M. DOUMERGUE (Joseph), à Villeneuve-sur-Lot (Lot-et-Garonne).

987. Pommade insecticide, le kilogr. 1f

M. DUBUISSON (Joseph), rue Pailleron, n° 19, à Lyon.

988. Extrait végétal pour le blanchiment des laines et des textiles.
989. Savon insecticide.

M. DE FRANCLIEU, à Agen (Lot-et-Garonne).

990. Phosphates en roche.
991. Phosphates en poudre.
992. Pyrite en roche.
993. Engrais complet concentré, les 100 kilogr. 18f 00c
994. Phospho agenais, les 100 kilogr. 16 50
995. Engrais mixte, les 100 kilogr. 11 00
996. Engrais vigne, n° 1, les 100 kilogr. 13 00
997. Engrais vigne, n° 2, les 100 kilogr. 8 75
998. Engrais spécial, les 100 kilogr. 10 50
999. Engrais pour toutes cultures, les 100 kilogr. . . 13 00
1000. Phospho A, les 100 kilogr. 12 00
1001. Phospho B, les 100 kilogr. 14 00
1002. Superphosphate, les 100 kilogr. de 6 à. . . 8f 00c
1003. Acide sulfurique, les 100 kilogr. de 7 à. . . . 12 00
1004. Acide nitrique, les 100 kilogr. 37 00
1005. Acide muriatique, les 100 kilogr. 10 00
1006. Sulfate de cuivre, les 100 kilogr. 51 00
1007. Sulfate de fer, les 100 kilogr. 6 00
1008. Nitrate de soude, les 100 kilogr. 23 00
1009. Sulfate d'ammoniaque, les 100 kilogr. 27 50
1010. Chlorure de potassium, les 100 kilogr. 21 75
1011. Engrais divers, en poudre.

Mme IMBERT, avenue des Gobelins, n° 25, à Paris.

1012. Traité sur la vigne. 2f

M. JAUSSÈME (Pierre) père, à Agen (Lot-et-Garonne).

1013. Poudre insecticide, régénérateur de la vigne, les 100 kilogr. 15f

1014. Vinaigre de toilette, le litre. 4f

M. LÈBRE (Paulin), à Mallemort (Bouches-du-Rhône).

1015. Extrait de menthe.

MM. LEFEBVRE frères, rue de Bondy, n° 60, à Paris.

1016. Phospho-guano.

1017. Osso-guano.

1018. Engrais industriels divers.

M. LEVASSEUR, rue d'Angoulême, n° 70, à Paris.

1019. Savon antiseptique.

M. LOVIS, à Boulogne-sur-Seine (Seine).

1010. *Le Floréal*, engrais chimique.

1021. Poudres insecticides Lovis.

M. MILLOT (Armand), à Saint-Quentin (Aisne).

1022. *La Fromentine*, pour l'alimentation du bétail.

M. POUYDESSEAU, au Passage-d'Agen (Lot-et-Garonne).

1023. Échalas injectés à la goudroline.

1024. Toile imbibée pour le bétail.

1025. Enduit de papier chimique pour la destruction de la chenille verte.

SOCIÉTÉ D'APPLICATION *HUMUS*, rue de Rivoli, n° 82, à Paris.

1026. Engrais agricole.

SOCIÉTÉ GÉNÉRALE D'ENGRAIS INDUSTRIELS *L'OCCIDINE*, rue de Trévise, n° 36, à Paris.

1027. Engrais.

1028. Insecticides.

M. VIVIER, ingénieur des ponts et chaussées, à Villeneuve-sur-Lot (Lot-et-Garonne).

1029. Album résumant les observations météorologiques, avec graphiques, faites à Villeneuve depuis la création de la station.

TABLE DES MATIÈRES.

1re DIVISION.

ANIMAUX REPRODUCTEURS.

2e DIVISION.

3e DIVISION.

PRODUITS AGRICOLES ET MATIÈRES UTILES À L'AGRICULTURE.

www.ingramcontent.com/pod-product-compliance
Lightning Source LLC
LaVergne TN
LVHW012013220826
846092LV00001B/336